基础护理技术操作教程

（第3版）

主　审　程红缨

主　编　杨燕妮　钱春荣

副主编　周厚秀　赵戎蓉

编　委　（以姓氏笔画为序）

任　为　李媛媛　杨甜甜　杨燕妮

周厚秀　赵戎蓉　钱春荣　龚　德

彭　滟　程红缨

U0214247

科学出版社

北　京

内 容 简 介

　　本书共 3 个部分。第一部分为生活性护理技术，包含舒适护理、搬运护理、活动护理三章 8 个类别的操作技术。第二部分为治疗性护理技术，包含医院感染预防与控制、生命体征观察与护理、冷热护理、饮食与营养护理、排泄护理、给药护理、静脉输液与输血护理、标本采集、引流护理九章 30 个类别的操作技术。第三部分为急救及尸体护理技术，包含急救护理、尸体护理两章 5 个类别的操作技术。每项操作技术下设有目的、用物、操作程序、评分细则、注意事项 5 个基础版块，部分操作技术还增设了案例分析，书末增设了微视频。

　　本书适合护理专业本科生阅读，也可供在职护士培训及考试使用。

图书在版编目（CIP）数据

基础护理技术操作教程 / 杨燕妮，钱春荣主编. —3 版. —北京：科学出版社，2023.8

　　ISBN 978-7-03-076004-3

　　Ⅰ．①基…　Ⅱ．①杨…　②钱…　Ⅲ．①护理—技术操作规程

Ⅳ．①R472-65

中国国家版本馆 CIP 数据核字（2023）第 125999 号

责任编辑：李　植 / 责任校对：周思梦
责任印制：李　彤 / 封面设计：陈　敬

斜 学 虫 版 社 出版
北京东黄城根北街 16 号
邮政编码：100717
http://www.sciencep.com

北京凌奇印刷有限责任公司 印刷
科学出版社发行　各地新华书店经销

*

2010 年 10 月第 一 版　开本：787×1092　1/16
2023 年 8 月第 三 版　印张：10 1/4
2023 年 12 月第四次印刷　字数：233 200
定价：59.80 元
（如有印装质量问题，我社负责调换）

前　言

    基础护理是以服务对象为中心，针对其生理、心理、社会适应等方面的病理变化，采取相应的护理措施，指导或帮助服务对象解除由于这些变化带来的痛苦和不适应，使其身心处于协调、舒适的最佳状态。

    基础护理技术是指通过各种操作流程为服务对象解决健康问题。娴熟的基础护理技术是每位护理人员必备的执业技能，它关系着护理质量、护理效果及服务对象的健康水平乃至生命安全。护理专业学生在校时要着重学习，在职护士也需不断强化培训。

    随着护理学科的发展，护理技术也在不断更新进步。我们根据长期的护理教学实践经验结合护理技术进展编写了这本《基础护理技术操作教程》。

    本书为第 3 版，在维持原有目录及内容的基础上，新增了案例分析、扫二维码即可看 12 项护理操作技术的微视频（见封底），此外还修改完善了技术内容、操作流程及评分标准，使得本书以更简洁、更清晰、更程序化的框架呈现每项护理技术。

    本书共 3 个部分，第一部分为生活性护理技术、第二部分为治疗性护理技术、第三部分为急救及尸体护理技术。操作技术下设有目的、用物、操作程序、评分细则、注意事项 5 个基础版块。

    本书充分贯彻党的二十大报告中关于教育、科技、人才是全面建设社会主义现代化国家的基础性、战略性支撑思想。

    本书在编写过程中得到了陆军军医大学护理系及科学出版社的大力支持，在此谨致诚挚的感谢。错漏之处敬请指正。

杨燕妮

2022 年 2 月

目　　录

第一部分　生活性护理技术

第二部分　治疗性护理技术

第三部分　急救及尸体护理技术

第一部分 生活性护理技术

第一章 舒适护理技术

舒适是指个体身心处于轻松、自在、没有焦虑、没有疼痛的健康和安宁状态中的一种自我感觉。健康的个体可通过自身调节以满足其舒适需要，但患者受生理、心理、环境等多因素影响，常处于不舒适状态。护理人员应根据患者情况，针对性地为其提供符合治疗性护理需要、安全、洁净的床单位以及舒适的体位及躯体感受。

一、铺床术（make bed）

（一）备用床（closed bed）

【目的】 保持病室整洁美观，为新入院患者备用。

【用物】 床、床垫、床褥、棉胎、枕芯、护理车（被套、大单、枕套、床刷、刷套、手消毒液）。

【操作程序】

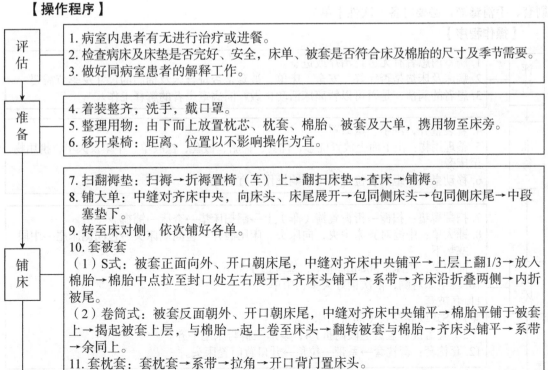

评估	1. 病室内患者有无进行治疗或进餐。 2. 检查病床及床垫是否完好、安全，床单、被套是否符合床及棉胎的尺寸及季节需要。 3. 做好同病室患者的解释工作。
准备	4. 着装整齐，洗手，戴口罩。 5. 整理用物：由下而上放置枕芯、枕套、棉胎、被套及大单，携用物至床旁。 6. 移开桌椅：距离、位置以不影响操作为宜。
铺床	7. 扫翻褥垫：扫褥→折褥置椅（车）上→翻扫床垫→查床→铺褥。 8. 铺大单：中缝对齐床中央，向床头、床尾展开→包同侧床头→包同侧床尾→中段塞垫下。 9. 转至床对侧，依次铺好各单。 10. 套被套 （1）S式：被套正面向外、开口朝床尾，中缝对齐床中央铺平→上层上翻1/3→放入棉胎→棉胎中点拉至封口处左右展开→齐床头铺平→系带→齐床沿折叠两侧→内折被尾。 （2）卷筒式：被套反面朝外、开口朝床尾，中缝对齐床中央铺平→棉胎平铺于被套上→揭起被套上层，与棉胎一起上卷至床头→翻转被套与棉胎→齐床头铺平→系带→余同上。 11. 套枕套：套枕套→系带→拉角→开口背门置床头。

| 整理 | 12. 移回床旁桌椅。
13. 整理床单位，洗手。 |

【评分细则】　见本章末尾表 1-1。

【注意事项】

1. 患者治疗或进餐时暂停铺床。
2. 铺床时运用人体力学原理，两脚分开扩大支撑面，稍屈膝降低重心。
3. 棉胎上端与被套封口紧贴，枕套四角充实，避免空虚。
4. 被套上缘平床头，以盖至患者肩部。
5. 枕套开口系带背门，以利美观。
6. 病床符合实用、耐用、舒适、安全的原则。

【案例分析】

患者王某，女，30 岁，因先兆流产住院治疗，现情况稳定，医嘱予回家静养。家属已办理好出院手续，但还未离开病室。此时，因床位紧张，新入院患者已经在办理入院手续。思考：护士要马上整理床单位吗？

分析思路：为避免给出院患者及入院患者带来心理不适，护士应在出院患者离开病室后再铺床，新入院患者可以找其他地方暂时安置，待出院患者离开病室后再为入院患者准备备用床。

（二）暂空床（open bed）

【目的】　保持病室整洁美观，为新入院患者或暂离床活动患者备用。

【用物】　床、床垫、床褥、棉胎、枕芯、橡胶单、护理车（被套、大单、枕套、床刷、刷套、手消毒液，必要时备一次性中单）。

【操作程序】

评估	1. 病室内患者有无进行治疗或进餐。 2. 病床及床垫是否完好、安全，床单、被套是否符合床及棉胎的尺寸及季节需要。 3. 患者的病情、是否可以暂离床活动，做好同病室患者的解释工作。
准备	4. 着装整齐，洗手，戴口罩。 5. 整理用物：由下而上放置枕芯、枕套、棉胎、被套、橡胶单、中单及大单，携用物至床旁。 6. 移动桌椅：距离、位置以不影响操作为宜。
铺床	7. 扫翻褥垫：扫褥→折褥置椅（车）上→翻扫床垫→查床→铺褥。 8. 铺大单：中缝对齐床中央，向床头、床尾展开→包同侧床头→包同侧床尾→中段塞垫下。 9. 铺中单：距床头50cm铺中单，塞垂边于垫下。 10. 转至床对侧，依次铺好大单、中单。 11. 套被套 （1）S式或卷筒式（同备用床）。 （2）叠盖被：盖被上段内折1/4，扇形三折与床尾平齐。 12. 套枕套：套枕套→系带→拉角→开口背门置床头。

| 整理 | 13. 移回床旁桌椅。
14. 整理床单位，洗手。 |

【评分细则】 见本章末尾表1-2。

【注意事项】

1. 患者治疗或进餐时暂停铺床。

2. 铺床时运用人体力学原理，两脚分开扩大支撑面，稍屈膝降低重心。

3. 若在备用床基础上改铺暂空床，先将盖被上段内折1/4、扇形三折与床尾平齐，然后加铺中单即可。

（三）麻醉床（anesthetic bed）

【目的】 便于接收和护理全麻术后患者；保护床上用物不被血液或呕吐物污染；使患者安全、舒适，预防并发症。

【用物】 床、床垫、床褥、棉胎、枕芯、护理车（被套、大单、枕套、床刷、刷套、一次性中单2张、麻醉护理盘、急救用物、手消毒液）。

【操作程序】

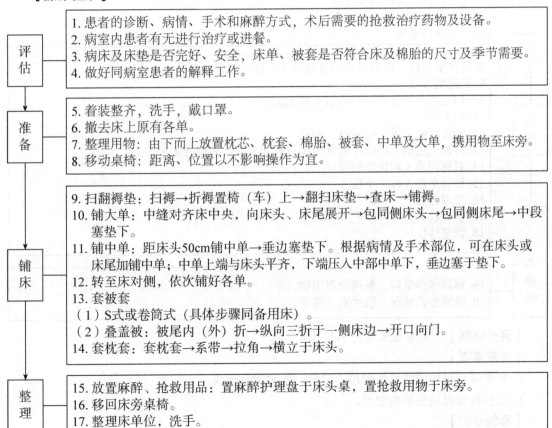

评估	1. 患者的诊断、病情、手术和麻醉方式，术后需要的抢救治疗药物及设备。 2. 病室内患者有无进行治疗或进餐。 3. 病床及床垫是否完好、安全，床单、被套是否符合床及棉胎的尺寸及季节需要。 4. 做好同病室患者的解释工作。
准备	5. 着装整齐，洗手，戴口罩。 6. 撤去床上原有各单。 7. 整理用物：由下而上放置枕芯、枕套、棉胎、被套、中单及大单，携用物至床旁。 8. 移动桌椅：距离、位置以不影响操作为宜。
铺床	9. 扫翻褥垫：扫褥→折褥置椅（车）上→翻扫床垫→查床→铺褥。 10. 铺大单：中缝对齐床中央，向床头、床尾展开→包同侧床头→包同侧床尾→中段塞垫下。 11. 铺中单：距床头50cm铺中单→垂边塞垫下。根据病情及手术部位，可在床头或床尾加铺中单；中单上端与床头平齐，下端压入中部中单下，垂边塞于垫下。 12. 转至床对侧，依次铺好各单。 13. 套被套 （1）S式或卷筒式（具体步骤同备用床）。 （2）叠盖被：被尾内（外）折→纵向三折于一侧床边→开口向门。 14. 套枕套：套枕套→系带→拉角→横立于床头。
整理	15. 放置麻醉、抢救用品：置麻醉护理盘于床头桌，置抢救用物于床旁。 16. 移回床旁桌椅。 17. 整理床单位，洗手。

【评分细则】 见本章末尾表1-3。

【注意事项】

1. 患者治疗或进餐时暂停铺床。
2. 铺床时运用人体力学原理，两脚分开扩大支撑面，稍屈膝降低重心。
3. 铺麻醉床时，应全部更换为清洁被单。
4. 根据病情及手术部位铺中单。
5. 操作时注意尽量避免扬起灰尘。

（四）有人床整理术（make one's bed）

【目的】　维护病室整洁美观，促进患者舒适；观察病情，改变卧位，防止并发症发生。
【用物】　护理车：床刷、刷套、大单、橡胶单、一次性无菌手套、手消毒液。
【操作程序】

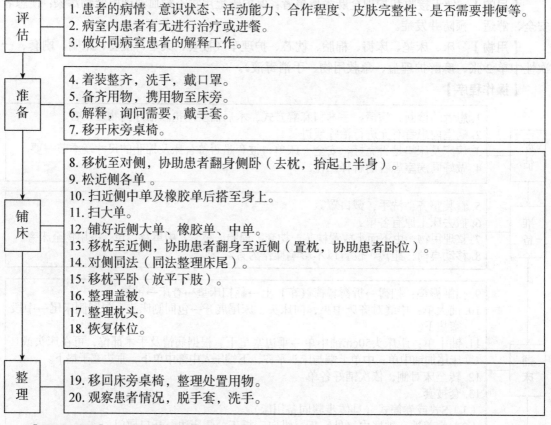

评估	1. 患者的病情、意识状态、活动能力、合作程度、皮肤完整性、是否需要排便等。 2. 病室内患者有无进行治疗或进餐。 3. 做好同病室患者的解释工作。
准备	4. 着装整齐，洗手，戴口罩。 5. 备齐用物，携用物至床旁。 6. 解释，询问需要，戴手套。 7. 移开床旁桌椅。
铺床	8. 移枕至对侧，协助患者翻身侧卧（去枕，抬起上半身）。 9. 松近侧各单。 10. 扫近侧中单及橡胶单后搭至身上。 11. 扫大单。 12. 铺好近侧大单、橡胶单、中单。 13. 移枕至近侧，协助患者翻身至近侧（置枕，协助患者卧位）。 14. 对侧同法（同法整理床尾）。 15. 移枕平卧（放平下肢）。 16. 整理盖被。 17. 整理枕头。 18. 恢复体位。
整理	19. 移回床旁桌椅，整理处置用物。 20. 观察患者情况，脱手套，洗手。

【评分细则】　见本章末尾表1-4。
【注意事项】

1. 整理床铺过程中注意保护患者安全，同时注意保暖。
2. 更换被套时避免被头空虚。

【案例分析】

患者李某，女，55岁，因胃癌入院，胃大部切除术后第1日，床单被污染，需进行更换。
思考：如何高效、安全地完成有人床整理？
分析思路：①有人床整理需要患者或家属的配合，在操作前向患者及家属解释操作目的、流程方法、注意事项及配合要点，提高患者及家属的配合程度。②移动患者前先拉起对侧床栏，预防操作不当造成患者坠床。③操作过程中注意观察患者，动作轻柔，注意保护引流管及伤口。

二、更换卧位术（position changing）

对于不能活动或活动受限的患者，护士需要帮助或协助其定时更换卧位，以防止局部组织受压及维护其舒适体位。

（一）翻身侧卧术（lateral position changing）

【目的】 帮助患者将体位变更为侧卧，预防压疮等并发症的发生。在满足治疗护理需要的同时，便于更换或整理床单位。

【用物】 一次性无菌手套、手消毒液。

【操作程序】

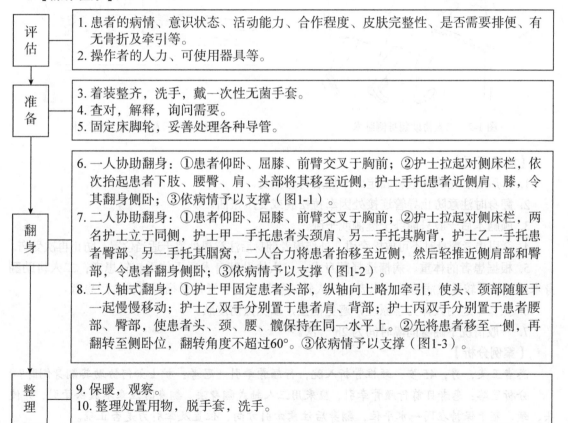

评估	1.患者的病情、意识状态、活动能力、合作程度、皮肤完整性、是否需要排便、有无骨折及牵引等。 2.操作者的人力、可使用器具等。
准备	3.着装整齐，洗手，戴一次性无菌手套。 4.查对，解释，询问需要。 5.固定床脚轮，妥善处理各种导管。
翻身	6.一人协助翻身：①患者仰卧、屈膝、前臂交叉于胸前；②护士拉起对侧床栏，依次抬起患者下肢、腰臀、肩、头将其移至近侧，护士手托患者近侧肩、膝，令其翻身侧卧；③依病情予以支撑（图1-1）。 7.二人协助翻身：①患者仰卧、屈膝、前臂交叉于胸前；②护士拉起对侧床栏，两名护士立于同侧，护士甲一手托患者头颈肩、另一手托其胸背，护士乙一手托患者臀部、另一手托其腘窝，二人合力将患者抬移至近侧，然后轻推近侧肩部和臀部，令患者翻身侧卧；③依病情予以支撑（图1-2）。 8.三人轴式翻身：①护士甲固定患者头部，纵轴向上略加牵引，使头、颈部随躯干一起慢慢移动；护士乙双手分别置于患者肩、背部；护士丙双手分别置于患者腰部、臀部，使患者头、颈、腰、髋保持在同一水平上。②先将患者移至一侧，再翻转至侧卧位，翻转角度不超过60°。③依病情予以支撑（图1-3）。
整理	9.保暖，观察。 10.整理处置用物，脱手套，洗手。

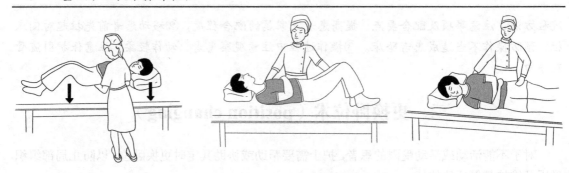

图 1-1　一人协助翻身侧卧术

图 1-2　二人协助翻身侧卧术

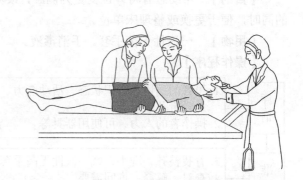

图 1-3　三人轴式翻身侧卧术

【注意事项】

1. 术后患者先确认敷料固定、干燥后再行翻身。

2. 翻身时注意防止导管连接处因牵拉松脱或受压扭曲。

3. 颅脑术后一般只能卧于健侧或平卧。

4. 牵引患者翻身时不可放松牵引，外伤患者翻身后注意患处置于适当位置，防止再次受伤。

5. 根据患者的体重、病情选择翻身术，一人协助翻身术适于体重较轻患者；二人协助翻身术适于体重较重或病情较重患者；三人轴式翻身术适于脊椎受损或脊椎术后患者。

6. 操作中运用人体力学原理，避免拖拉，以免擦伤皮肤。

7. 一般情况下翻身间隔时间为 2h 一次。

【案例分析】

患者王某，男，45 岁，颈椎骨折入院，行颅骨牵引。思考：护士如何协助其翻身侧卧？

分析思路：患者目前行颅骨牵引，应采用三人轴式翻身法。翻身时注意不放松牵引，并使头、颈、躯干保持在同一水平位，翻身后注意牵引方向、位置及牵引力是否正确。

（二）30°侧卧术（30 degree lateral position changing）

【目的】　帮助患者改变姿势，将身体的垂直压力分散于背部与臀大肌上，扩大受力面，促进血液循环，降低压疮风险。

【用物】　不同型号的三角形定位垫、一次性无菌手套、手消毒液。

【操作程序】

评估	1. 患者的病情、意识状态、活动能力、合作程度、皮肤完整性、是否需要排便、有无骨折及牵引等。 2. 操作者的人力、可使用器具等。
准备	3. 着装整齐，洗手，戴一次性无菌手套。 4. 查对，解释，询问需要。 5. 固定床脚轮，妥善处理各种导管。
翻身	6. 协助患者翻身侧卧，将大号三角形定位垫放在其背部，与身体呈30°定位（图1-4）。 7. 小号三角形定位垫置于下肢，与身体呈30°，使大腿、膝盖、小腿的重量完全分压到定位垫上。 8. 在对侧膝下垫小号三角形定位垫，膝盖弯曲角度根据患者的舒适感受进行调整。 9. 确保头部处于自然舒适状态。 10. 定位完成后，抚平患者身体下方与床垫之间的衣服褶皱，再次将身体重心向定位垫方向转移。 11. 再次进行调整，拉平裤边皱褶。
整理	12. 保暖，观察。 13. 整理处置用物，脱手套，洗手。

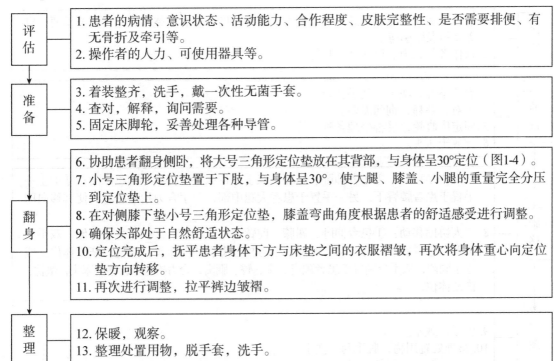

图 1-4 30°侧卧术

【注意事项】 尽量增大患者身体和定位垫的接触面积，将重量分散至定位垫上。

【案例分析】

患者陈某，女，55岁，胆结石入院，胆管癌切除术后。为预防压疮，护士将协助患者由平卧位变换为30°侧卧位，在卧位更换过程中有哪些注意事项？

分析思路：患者术后带有引流管，应注意先松解引流管，避免翻身过程中造成脱落；翻身后注意定位垫妥善放置，使受力面积最大化。

（三）移向床头术（moving towards the bed head）

【目的】 协助不能自己移动而滑向床尾的患者移向床头，增进舒适。

【用物】 手套、手消毒液。

【操作程序】

评估	1. 患者的病情、意识状态、活动能力、合作程度、皮肤完整性、是否需要排便、有无骨折及牵引等。 2. 操作者的人力、可使用器具等。
准备	3. 着装整齐、洗手、戴手套。 4. 查对，解释，询问需要。 5. 固定床脚轮，妥善处理各种导管。 6. 枕放于床头。
搬移	7. 一人协助移动：①患者仰卧、屈膝，双手握住床头栏杆，双脚蹬床面；②护士一手置于患者腰臀下，另一手置于患者大腿中部，双手合力抬起患者，使其移向床头（图1-5）。 8. 二人协助移动：①患者仰卧、屈膝、前臂交叉于胸前。②护士立于两侧，双手交叉置于患者肩颈、背、腰、臀部，合力抬起患者移向床头，垫枕，恢复体位；或立于同侧，双手分别置于患者颈肩、腰、臀、腘窝，合力抬起患者移向床头，垫枕，恢复体位。
整理	9. 保暖，观察。 10. 整理处置用物，脱手套，洗手。

图1-5 一人协助移向床头

【注意事项】 动作轻稳，避免拖拉。

【案例分析】

患者余某，男，32岁，双前臂骨折入院。思考：护士应如何协助患者移向床头？

分析思路：患者双前臂骨折，应采用二人协助移向床头。操作中，两位护士在抬起患者的同时，嘱患者用脚蹬床面，护患协力使其移向床头。

三、清洁护理（cleaning care）

保持身体清洁既是保障患者舒适的重要手段，也是预防感染的重要措施。对于不能自己满足清洁需要的患者，需护士帮助其进行清洁护理。

（一）口腔护理擦拭术

【目的】 协助不能自理患者保持口腔清洁湿润、预防口臭、促进食欲；观察口腔黏膜及判断特殊口腔气味，提供病情变化的信息。

【用物】 治疗碗（内装棉球18个、压舌板1只、镊子1把、弯血管钳1把）、治疗巾、弯盘、漱口液、漱口杯、一次性无菌手套、手消毒液，必要时备手电筒、开口器。

【操作程序】

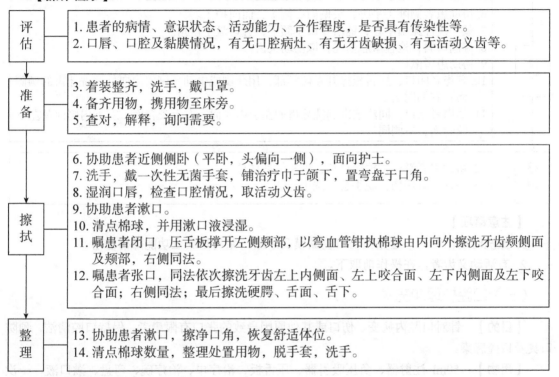

评估	1. 患者的病情、意识状态、活动能力、合作程度，是否具有传染性等。 2. 口唇、口腔及黏膜情况，有无口腔病灶、有无牙齿缺损、有无活动义齿等。
准备	3. 着装整齐，洗手，戴口罩。 4. 备齐用物，携用物至床旁。 5. 查对，解释，询问需要。
擦拭	6. 协助患者近侧侧卧（平卧，头偏向一侧），面向护士。 7. 洗手，戴一次性无菌手套，铺治疗巾于颌下，置弯盘于口角。 8. 湿润口唇，检查口腔情况，取活动义齿。 9. 协助患者漱口。 10. 清点棉球，并用漱口液浸湿。 11. 嘱患者闭口，压舌板撑开左侧颊部，以弯血管钳执棉球由内向外擦洗牙齿颊侧面及颊部，右侧同法。 12. 嘱患者张口，同法依次擦洗牙齿左上内侧面、左上咬合面、左下内侧面及左下咬合面；右侧同法；最后擦洗硬腭、舌面、舌下。
整理	13. 协助患者漱口，擦净口角，恢复舒适体位。 14. 清点棉球数量，整理处置用物，脱手套，洗手。

【评分细则】 见本章末尾表1-5。

【注意事项】

1. 擦洗时动作轻柔，避免损伤口腔黏膜及牙龈，尤其是凝血功能障碍患者。

2. 昏迷患者禁忌漱口，需用开口器时应从白齿处放入。

3. 用弯血管钳夹紧棉球，每次一个，防止棉球遗留在口腔内；操作前后清点棉球数量，避免遗漏。

4. 棉球不可过湿，以防患者将溶液吸入呼吸道。

5. 长期使用抗生素患者，观察口腔内有无真菌感染。

6. 传染病患者的用物按隔离消毒原则处理。

（二）口腔护理刷牙术

【目的】 协助不能自理患者清除牙菌斑，祛除口腔异味，预防口腔感染。

【用物】 牙刷（或电动牙刷及刷头）、压舌板、漱口液、漱口杯、治疗巾、弯盘、一次性无菌手套、手消毒液，必要时备手电筒、开口器。

【操作程序】

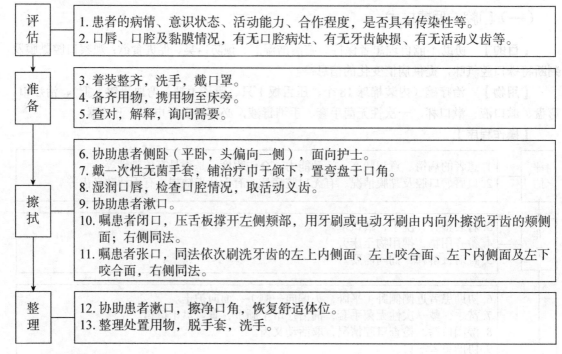

评估	1. 患者的病情、意识状态、活动能力、合作程度，是否具有传染性等。 2. 口唇、口腔及黏膜情况，有无口腔病灶、有无牙齿缺损、有无活动义齿等。
准备	3. 着装整齐，洗手，戴口罩。 4. 备齐用物，携用物至床旁。 5. 查对，解释，询问需要。
擦拭	6. 协助患者侧卧（平卧，头偏向一侧），面向护士。 7. 戴一次性无菌手套，铺治疗巾于颌下，置弯盘于口角。 8. 湿润口唇，检查口腔情况，取活动义齿。 9. 协助患者漱口。 10. 嘱患者闭口，压舌板撑开左侧颊部，用牙刷或电动牙刷由内向外擦洗牙齿的颊侧面；右侧同法。 11. 嘱患者张口，同法依次刷洗牙齿的左上内侧面、左上咬合面、左下内侧面及左下咬合面，右侧同法。
整理	12. 协助患者漱口，擦净口角，恢复舒适体位。 13. 整理处置用物，脱手套，洗手。

【注意事项】

1. 擦洗时动作轻柔，避免损伤口腔黏膜及牙龈，尤其是凝血功能障碍患者。
2. 有活动义齿者，在操作前取下。

（三）口腔护理冲洗术

【目的】 针对口腔内病变、伤口或其他原因导致的张口有限患者，保持口腔清洁，预防口臭及口腔感染。

【用物】 50ml 注射器、负压吸引器、压舌板、治疗巾、治疗碗、弯盘、漱口液、一次性无菌手套、手消毒液，必要时备手电筒、开口器。

【操作程序】

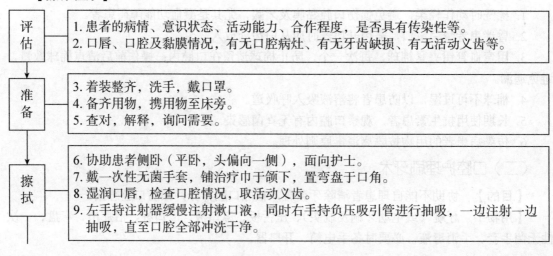

评估	1. 患者的病情、意识状态、活动能力、合作程度，是否具有传染性等。 2. 口唇、口腔及黏膜情况，有无口腔病灶、有无牙齿缺损、有无活动义齿等。
准备	3. 着装整齐，洗手，戴口罩。 4. 备齐用物，携用物至床旁。 5. 查对，解释，询问需要。
擦拭	6. 协助患者侧卧（平卧，头偏向一侧），面向护士。 7. 戴一次性无菌手套，铺治疗巾于颌下，置弯盘于口角。 8. 湿润口唇，检查口腔情况，取活动义齿。 9. 左手持注射器缓慢注射漱口液，同时右手持负压吸引管进行抽吸，一边注射一边抽吸，直至口腔全部冲洗干净。

| 整理 | 10.协助患者整理、清洁，恢复舒适体位。
11.整理处置用物，脱手套，洗手。 |

【注意事项】

1. 动作轻柔，控制注射器的注射速度，避免引起患者呛咳。

2. 有活动义齿者，在操作前取下。

【案例分析】

患者王某，男，55 岁，口腔癌入院，面部手术后张口有限。思考：为该患者进行口腔冲洗时，有什么办法可以改进操作？

分析思路：可借鉴口腔三用枪，将注射器针头前 1/3 弯曲成 45°，针尖磨平，通过弯曲部分进入口腔进行冲洗清洁。

评分细则

表 1-1 铺备用床评分表

姓名：_____　　　学号：_____　　　成绩：_____

项目	时间	流程	技术要求	分值	扣分
评估准备		评估	环境安全、舒适、清洁	2	
		着装，洗手，戴口罩	衣帽整齐	2	
		备物，按顺序叠放	少一件扣 0.5 分	4	
		解释		2	
铺床	5min 完成，每超过 10s 扣 0.5 分	移开床旁桌椅	距离适当	2	
		扫翻棉褥		2	
		扫翻床垫		2	
		检查床褥		2	
		铺褥		2	
		放置大单、展开		4	
		包同侧床头	角：平、紧、一线	6	
		包同侧床尾	同上	6	
		塞中段		2	
		转至床对侧，铺对侧大单		14	
		外观平整、紧致、美观		8	
		铺被套		4	
		铺棉胎		2	
		套棉胎	被头充满	4	
		齐床头铺平		2	
		系带		2	
		内折两侧，压被尾		4	
		外观平整、美观、无虚边		8	
		套枕套		2	
		系带		2	
		拉角		2	
		开口背向门放置		2	
		外观美观、两角充实		4	
整理		移回床旁桌椅，洗手		2	
总分				100	

操作时间：_____　　　　　　　　监考人：_____

表1-2 铺暂空床评分表

姓名：_____ 学号：_____ 成绩：_____

项目	时间	流程	技术要求	分值	扣分
评估准备		评估	环境安全、舒适、整洁	2	
		着装，洗手，戴口罩	衣帽整齐	2	
		备物，按顺序叠放	少一件扣0.5分	4	
		解释		2	
铺床	6min完成，每超过10s扣0.5分	移开床旁桌椅	距离恰当	2	
		扫翻棉褥		2	
		扫翻床垫		2	
		检查床褥		2	
		铺褥		2	
		放置大单、展开		2	
		包同侧床头	角：平、紧、一线	6	
		包同侧床尾	同上	6	
		塞中段		2	
		放置并铺中单	位置恰当	8	
		转至床对侧，铺对侧大单、中单		14	
		外观平整、紧致、美观		10	
		铺被套		2	
		铺棉胎		4	
		套棉胎	被头充满	2	
		齐床头铺平		2	
		系带		2	
		盖被四叠于床尾		2	
		外观平整、美观、无虚边		6	
		套枕套		2	
		系带		2	
		拉角		2	
		开口背向门放置		2	
		外观美观、两角充实		2	
整理		移回床旁桌椅，洗手		2	
		总分		100	

操作时间：_____ 监考人：_____

表 1-3 铺麻醉床评分表

姓名: _____　　　　学号: _____　　　　成绩: _____

项目	时间	流程	技术要求	分值	扣分
评估准备		评估	患者病情、环境	2	
		着装，洗手，戴口罩	衣帽整齐	2	
		备物，按顺序叠放	少一件扣0.5分	4	
		解释		2	
铺床	8min完成，每超过10s扣0.5分	移开床旁桌椅	位置恰当	2	
		扫翻棉褥		2	
		扫翻床垫		2	
		检查床褥		2	
		铺褥		2	
		放置大单、展开		2	
		包同侧床头	角：平、紧、一线	6	
		包同侧床尾	同上	6	
		塞中段		2	
		放置、铺橡胶单、中单	位置恰当	8	
		转至床对侧，依次铺好对侧大单、橡胶单、中单		14	
		外观平整、紧致、美观		10	
		铺被套		2	
		铺棉胎		4	
		套棉胎	被头充满	2	
		齐床头铺平		2	
		系带		2	
		盖被三折于床一侧	开口向门	2	
		外观平整、美观、无虚边		6	
		套枕套		2	
		系带		2	
		拉角		2	
		横立于床头		2	
		外观美观、两角充实		2	
整理		放置麻醉、抢救物品，洗手	椅在背门侧	1	
		移回床旁桌椅		1	
总分				100	

操作时间: _____　　　　　　　　监考人: _____

表1-4 有人床整理术评分表

姓名：_____　　　　学号：_____　　　　成绩：_____

项目	时间	流程	技术要求	分值	扣分
评估准备		评估	环境、床单位、患者情况	2	
		着装，洗手，戴口罩	衣帽整齐	2	
		备物	少一件扣0.5分	4	
		解释，戴一次性无菌手套		2	
扫单	9min完成，每超过10s扣0.5分	移开床旁桌椅	位置恰当	2	
		移枕，调整患者体位	舒适、安全、保暖	8	
		松近侧各单		4	
		扫近侧中单及橡胶单		4	
		扫大单		4	
		铺各单	平、紧	8	
		移枕，协助翻身至近侧	舒适、安全、保暖	8	
		松对侧各单		4	
		扫对侧中单		4	
		扫大单		4	
		铺各单	平、紧	8	
		移枕平卧	舒适	4	
理被		理被	保暖	4	
		盖被		4	
		取枕	轻柔	4	
		理枕		8	
		恢复体位		4	
整理		移回床旁桌椅		2	
		脱手套，洗手		2	
总分				100	

操作时间：_____　　　　监考人：_____

表 1-5 口腔护理擦拭术评分表

姓名：＿＿＿＿＿＿＿＿　　　　　　学号：＿＿＿＿＿＿＿＿　　　　　　成绩：＿＿＿＿＿＿＿＿

项目	时间	流程	技术要求	分值	扣分
评估准备		评估	患者病情、配合程度	2	
		着装，洗手，戴口罩	衣帽整齐	2	
		备物	少一件扣 0.5 分	4	
		查对，解释		2	
擦拭	7min 完成，每超过 10s 扣 0.5 分	协助近侧侧卧	卧位舒适	4	
		洗手，戴手套		2	
		铺巾于颌下，置弯盘于口角		4	
		润唇，检查口腔，取义齿		6	
		协助漱口		4	
		清点棉球，浸湿		4	
		嘱闭口		2	
		撑开左侧颊部		2	
		由内向外擦洗左牙颊面	上齿向下，下齿向上	4	
		撑开右侧颊部		2	
		由内向外擦洗右牙颊面		4	
		嘱张口		2	
		依次擦洗左侧上下牙各面		8	
		依次擦洗右侧上下牙各面		8	
		擦洗硬腭、舌面、舌下		6	
		要求动作轻稳，顺序擦洗，清洁彻底		14	
		协助漱口		6	
		擦净口角		2	
整理		整理用物，清点棉球数量		2	
		脱手套，洗手		4	
总分				100	

操作时间：＿＿＿＿＿＿＿＿　　　　　　　　　　　　监考人：＿＿＿＿＿＿＿＿

第二章 搬运护理技术

对不能行走或行走功能障碍的患者,常需借助平车和轮椅等工具协助转运或活动。护理人员应学会正确使用转运工具,学会灵活应用搬运及转移技巧,避免自身损伤,减轻疲劳,同时确保患者在转运过程中安全及舒适。

一、平车转运术（convey by flat vehicle）

平车转运术是一种运送不能起床患者的转运技术。

【目的】 运送不能自行起床的患者外出检查、治疗或转运到其他病室。

【用物】 平车、床褥、大单、枕芯和枕套、棉被或毛毯,需要时备中单。

【操作程序】

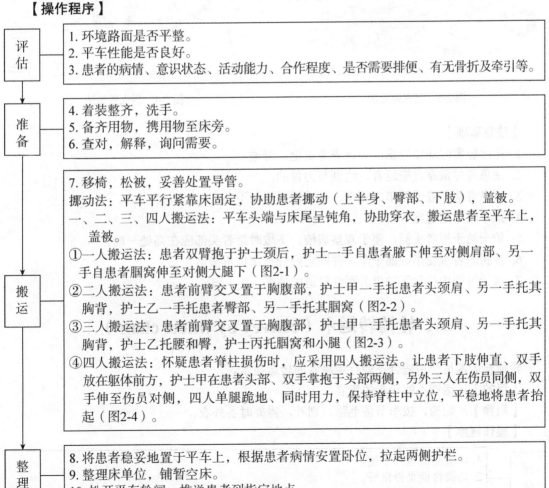

评估	1. 环境路面是否平整。 2. 平车性能是否良好。 3. 患者的病情、意识状态、活动能力、合作程度、是否需要排便、有无骨折及牵引等。
准备	4. 着装整齐,洗手。 5. 备齐用物,携用物至床旁。 6. 查对,解释,询问需要。
搬运	7. 移椅,松被,妥善处置导管。 挪动法:平车平行紧靠床固定,协助患者挪动(上半身、臀部、下肢),盖被。 一、二、三、四人搬运法:平车头端与床尾呈钝角,协助穿衣,搬运患者至平车上,盖被。 ①一人搬运法:患者双臂抱于护士颈后,护士一手自患者腋下伸至对侧肩部、另一手自患者腘窝伸至对侧大腿下(图2-1)。 ②二人搬运法:患者前臂交叉置于胸腹部,护士甲一手托患者头颈肩、另一手托其胸背,护士乙一手托患者臀部、另一手托其腘窝(图2-2)。 ③三人搬运法:患者前臂交叉置于胸腹部,护士甲一手托患者头颈肩、另一手托其胸背,护士乙托腰和臀,护士丙托腘窝和小腿(图2-3)。 ④四人搬运法:怀疑患者脊柱损伤时,应采用四人搬运法。让患者下肢伸直、双手放在躯体前方,护士甲在患者头部、双手掌抱于头部两侧,另外三人在伤员同侧,双手伸至伤员对侧,四人单腿跪地、同时用力,保持脊柱中立位,平稳地将患者抬起(图2-4)。
整理	8. 将患者稳妥地置于平车上,根据患者病情安置卧位,拉起两侧护栏。 9. 整理床单位,铺暂空床。 10. 松开平车轮闸,推送患者到指定地点。

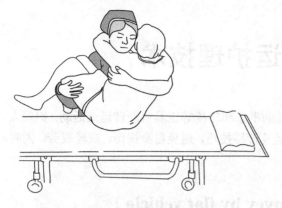

图 2-1 一人搬运法

图 2-2 二人搬运法

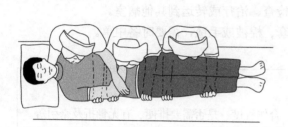

图 2-3 三人搬运法

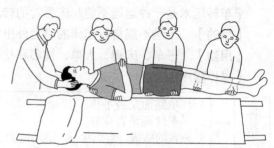

图 2-4 四人搬运法

【注意事项】

1. 搬运患者时动作轻稳，确保患者安全、舒适。
2. 使患者尽量靠近搬运者，达到节力目的。
3. 将患者头部置于平车大轮端，以减轻颠簸与不适。
4. 推车时车速适宜。
5. 护士站于患者头侧，便于观察病情，下坡时患者头部应在高处一端。
6. 骨折患者须使用硬面平车，并固定好骨折部位再搬运。
7. 搬运过程中注意保护患者医疗管道的通畅。

二、轮椅转运术（convey by wheel chair）

轮椅转运术是一种适合不能行走患者的转运技术。

【目的】 运送不能行走的患者。

【用物】 轮椅，按季节备毛毯，别针，需要时备外衣。

【操作程序】

| 评估 | 1. 环境路面是否平整。
2. 轮椅性能是否良好。
3. 患者的病情、意识状态、活动能力、合作程度、是否需要排便、有无骨折及牵引等。 |

准备	4. 着装整齐，洗手。 5. 备齐用物，携用物至床旁。 6. 查对，解释，询问需要。
上轮椅	7. 推椅至床旁，椅背和床尾平齐，面向床头，固定。 8. 扶患者起身，穿衣穿鞋，下地。 9. 护士靠近床头的脚站在患者两脚之间，另一脚站在患者靠近床尾的脚外侧，双手从患者腋下穿过在背后合抱，抱起患者背向床尾转身，使患者腿靠轮椅坐下。 10. 翻转踏脚板，将患者的脚抬放至踏脚板上。 11. 根据气温做好保暖，固定好患者身体。 12. 整理床单位，铺暂空床。 13. 松开轮椅轮闸，推送患者到指定地点。
下轮椅	14. 将轮椅推至床边，固定轮椅，解开固定带，翻起踏脚板。 15. 护士靠近床尾的脚站在患者两脚之间，另一脚站在患者靠近床头的脚外侧，双手从患者腋下穿过在背后合抱，抱起患者背朝床头转身，让患者腿靠床沿坐下，协助卧位。 16. 整理收拾用物，观察询问患者情况。

【注意事项】

1. 注意扶抱安全，保持舒适坐位。

2. 过门槛时，轮椅面对门槛、前轮翘起，使患者的头、背后倾贴近轮椅背，并嘱患者抓住两侧扶手。

3. 上下台阶时，使轮椅背朝下方，确保患者安全。

4. 推行时注意观察路面状况及患者反应。

第三章 活动护理技术

活动是人的基本需求之一。适量活动可以保持良好的肌张力及关节弹性,加速血液循环,增强心肺功能,还可缓解心理压力、有助于睡眠。根据运动方式,活动可分为主动运动和被动运动;根据机体耗氧量,活动分为有氧运动和无氧运动;根据肌肉收缩方式,活动可分为等长运动、等张运动和等速运动。本章主要阐述放松、关节活动范围练习和盆底肌训练三种技术。

一、放松(relax)

放松是使机体从紧张状态松弛下来的一种活动,分为肌肉松弛和消除紧张两方面。放松训练主要包括呼吸放松法、肌肉放松法、想象放松法。

【目的】 降低机体的活动水平,达到心理上的松弛,从而使机体保持内环境的平衡与稳定。

【用物】 靠背椅一张、手消毒液。

【操作程序】

评估	1. 患者的病情、意识状态、活动能力、合作程度、是否需要排便、有无骨折及牵引等。 2. 环境宽敞明亮、温湿度适宜,适合操作。
准备	3. 着装整齐,洗手。 4. 查对,向患者解释放松的意义,询问是否需要排便。 5. 患者衣着宽松,测量生命体征。
放松	6. 坐姿,上半身重量置于臀部,两脚重量平均置于脚掌,两手置于大腿内侧,闭眼(脑海中回忆愉快经历或美丽风景)。 7. 额头上扬,皱起前额部肌肉,皱眉,放松。 8. 闭上双眼,做眼球转动动作,先向左边转,尽量向左,保持10s,放松;再向右边转,保持10s,放松;然后两只眼球按顺时针转动1周放松,再按逆时针转动1周放松。 9. 噘起鼻子和嘴,咬牙,逐渐用力后放松,鼓腮,舌头抵住下门牙约10s,放松。 10. 身体坐正,低头,下巴抵住前胸,两手向后用力,挺胸,保持10s,放松。 11. 手臂向前抬平、伸直、用力握拳,放松,放回大腿内侧。 12. 耸肩,使肩部肌肉紧张,放松。 13. 向后弯腰,拱起背部,坐正,深呼吸两次。 14. 屏住呼吸,紧张腹部肌肉,放松。 15. 伸出右腿,右脚向前用力抬到水平位置,压脚尖,拉紧腿部肌肉,再逐渐放松。 16. 伸出左腿,左脚向前用力抬到水平位置,压脚尖,拉紧腿部肌肉,再逐渐放松。 17. 整个身体放松的状态持续5~10min。

| 整理 | 18.测量生命体征。
19.协助患者取舒适卧位，整理床单位，洗手。
20.记录。 |

【注意事项】

1. 练习放松时，避免干扰、环境清静、光线适宜。

2. 嘱患者每天练习1～2次，每次10～20min。

【案例分析】

患者，女，38岁，大学教师，一年前离异单身带一个3岁幼儿，平时工作任务重，近期单位要进行职称评审工作。患者主诉失眠多梦、心悸气短、疲乏无力、急躁易怒、注意力不集中、健忘等。思考：①患者的主要健康问题是什么？②出现该健康问题的原因是什么？③应采取哪些护理措施帮助患者解决该问题？

分析思路：①患者明显存在紧张焦虑问题。②结合病史分析可能与近期工作生活压力大有关。③建议患者采取放松训练缓解紧张焦虑状态。

二、关节活动范围练习（range of motion practice）

关节活动范围是指单个关节运动时所达到的最大弧度，包括主动关节活动范围和被动关节活动范围。正常情况下，被动关节活动范围略大于主动关节活动范围。关节活动范围练习是指用以维持和改善关节活动范围的练习方法。

【目的】 ①维持关节的活动性；②预防关节僵硬、粘连和挛缩；③促进血液循环，有利于关节营养供给；④修复关节丧失的功能；⑤维持肌张力。

【用物】 宽松衣物1套、手消毒液。

【操作程序】

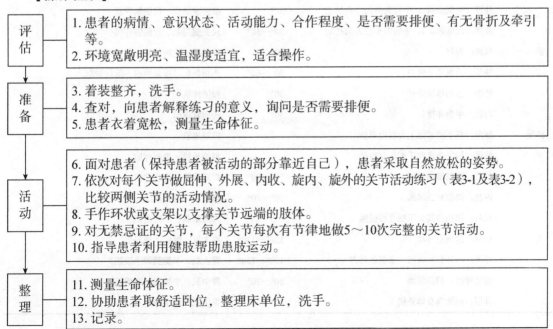

评估	1.患者的病情、意识状态、活动能力、合作程度、是否需要排便、有无骨折及牵引等。 2.环境宽敞明亮、温湿度适宜，适合操作。
准备	3.着装整齐，洗手。 4.查对，向患者解释练习的意义，询问是否需要排便。 5.患者衣着宽松，测量生命体征。
活动	6.面对患者（保持患者被活动的部分靠近自己），患者采取自然放松的姿势。 7.依次对每个关节做屈伸、外展、内收、旋内、旋外的关节活动练习（表3-1及表3-2），比较两侧关节的活动情况。 8.手作环状或支架以支撑关节远端的肢体。 9.对无禁忌证的关节，每个关节每次有节律地做5～10次完整的关节活动。 10.指导患者利用健肢帮助患肢运动。
整理	11.测量生命体征。 12.协助患者取舒适卧位，整理床单位，洗手。 13.记录。

表 3-1　关节活动范围练习各动作的定义

动作	定义	动作	定义
外展	移离身体中心	旋内	移向中心
内收	移向身体中心	旋外	自中心向外转
伸展	关节伸直，或头向后弯	伸展过度	超过一般的范围
屈曲	关节弯曲，或头向前弯		

表 3-2　各关节活动范围

部位	活动类型	活动范围	锻炼肌肉
颈、颈椎	屈曲：头靠向胸	45°	胸锁乳突肌、斜方肌
	伸展：头尽量向背靠	10°	
	侧伸展：头部尽量向一侧肩膀靠拢	40°～45°	胸锁乳突肌
	旋转：尽最大限度旋转头部	180°	胸锁乳突肌、斜方肌
	外展：手臂抬高至头部以上	170°～180°	三角肌、肩胛上肌、胸大肌
	内收：手臂以最大范围跨越身体移向对侧		
	旋内：屈肘手臂向下向后朝背部旋转	70°～80°	胸大肌、背阔肌、大圆肌、肩胛下肌
	旋外：屈肘，手臂上举	80°～90°	冈下肌、旋前圆肌
	旋转：旋转手臂 1 周	360°	三角肌、喙肱肌、背阔肌、大圆肌
肘部	屈曲：屈肘，手臂向同侧肩部旋转至手与肩平	150°	肱二头肌、肱肌、肱桡肌
	伸展：手臂伸直，放下	150°	肱三头肌
前臂	旋后：手臂放低，旋转，使手掌向上	70°～90°	旋后肌、肱二头肌
	旋前：手臂放低，旋转，使手掌向下	70°～90°	旋前肌、旋前方肌
腕	伸展：手掌向前臂内侧运动	80°～90°	尺侧腕屈肌、桡侧腕屈肌
	伸展：尽力向手背方向伸直手指	89°～90°	桡侧腕长伸肌、桡侧腕短伸肌、尺侧腕伸肌
	外展（桡侧偏斜）：手腕向拇指方向摆动	30°	桡侧腕屈肌、尺侧腕伸肌
	外展（尺侧偏斜）：手腕向小指方向摆动	30°～50°	尺侧腕屈肌、尺侧腕伸肌
手	屈曲：握拳	90°	蚓状肌、指间伸肌、指间背屈肌
	伸展：手指尽量弯曲	30°～60°	小指伸肌、指总伸肌、示指伸肌
	外展：五指尽量分开	30°	指间伸肌
	内收：手指并拢	30°	指间背屈肌
拇指	屈曲：在手的掌面上方移动拇指		拇短屈肌
	伸展：拇指垂直向手部外侧移动		拇伸长肌、拇短伸肌
	外展：拇指横向伸展	70°～80°	拇短展肌、拇长伸肌
	内收：拇指移回掌部	70°～80°	拇收肌、拇外展肌
	相对：拇指与其余手指互相碰触		拇对掌肌、小指展肌
髋	屈曲：腿向前移动	120°～130°	腰大肌、髂肌、缝匠肌
	伸展：一条腿移向另一条腿的后方	120°～130°	臀大肌、半腱肌、半膜肌
	过度伸展：腿向后踢	10°～20°	臀中肌、半腱肌、半膜肌
	外展：腿踢向身体外侧	30°～50°	臀中肌、臀小肌

续表

部位	活动类型	活动范围	锻炼肌肉
髋	内收：腿尽可能踢向后背中线	20°～30°	内收长肌、内收短肌、内收大肌
	旋内：一侧脚和腿向另一侧靠拢	35°～40°	臀中肌、臀小肌、阔筋膜张肌
	旋外：一侧脚和腿远离对侧移动	40°～50°	闭孔内肌、闭孔外肌、股方肌、梨状肌、腰大肌、
	旋转：腿做绕圈运动		臀大肌、臀中肌、内收肌
膝	屈曲：屈膝	135°～145°	股二头肌、半膜肌、半腱肌、缝匠肌
	伸展：膝部复位，腿伸直	0°	腹二头肌、股外侧肌、股中肌、股内侧肌
踝	背屈：脚背向上屈，脚趾朝上	20°～30°	胫骨前肌
	跖屈：脚向下伸，脚趾朝下	45°～50°	腓肠肌、比目鱼肌
足	内翻：脚掌向内翻	30°～40°	胫骨前肌、胫骨后肌
	外翻：脚掌向外翻	15°～25°	腓骨长肌、腓骨短肌
脚趾	屈曲：脚趾向下弯曲	30°～-60°	趾短屈肌、蚓状肌、姆短屈肌
	伸展：脚趾伸直	30°～60°	趾长伸肌、趾短伸肌、姆长伸肌
	外展：五趾分开	<15°	姆趾内收肌、骨间背侧肌
	内收：五趾并拢	<15°	姆趾内收肌、骨间跖肌

【注意事项】

1. 操作者在进行每个关节活动时，应给予关节支托。

2. 操作者动作轻稳，注意节力。

3. 操作中患者出现疼痛、疲劳、痉挛或抵抗时，应暂停操作，查明原因后及时去除影响因素。

4. 患有心血管疾病者，应特别注意观察有无胸痛症状，预防心脏病发作。

【案例分析】

患者，男，66岁，高血压病史30余年，3天前突发脑出血入院，右侧肢体偏瘫、肌力Ⅲ级，经治疗后症状有所缓解。患者入院后一直卧床，护士应该采取哪些措施提高患者的活动能力？

分析思路：患者右侧肢体偏瘫、肌力弱，应在发病后早期协助患者对右侧肩部、肘部、前臂、手及腕、髋、膝、踝等关节的被动关节活动范围练习。

三、盆底肌训练（pelvic floor muscle training）

自主、反复、有节律地收缩和舒张盆底肌群，增强支持尿道、膀胱、子宫和直肠的盆底肌张力，增加尿道阻力，是一种主动的盆底肌训练方法，有预防和治疗女性尿失禁和生殖器脱垂的作用。

【目的】 自主、反复、有节律地收缩和舒张盆底肌，可达到训练盆底肌的效果。

【用物】 有靠背的椅子、床。

【操作程序】

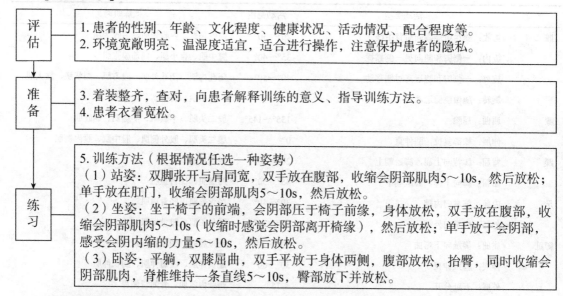

| 评估 | 1.患者的性别、年龄、文化程度、健康状况、活动情况、配合程度等。
2.环境宽敞明亮、温湿度适宜，适合进行操作，注意保护患者的隐私。 |

| 准备 | 3.着装整齐，查对，向患者解释训练的意义、指导训练方法。
4.患者衣着宽松。 |

| 练习 | 5.训练方法（根据情况任选一种姿势）
（1）站姿：双脚张开与肩同宽，双手放在腹部，收缩会阴部肌肉5～10s，然后放松；单手放在肛门，收缩会阴部肌肉5～10s，然后放松。
（2）坐姿：坐于椅子的前端，会阴部压于椅子前缘，身体放松，双手放在腹部，收缩会阴部肌肉5～10s（收缩时感觉会阴部离开椅缘），然后放松；单手放于会阴部，感受会阴内缩的力量5～10s，然后放松。
（3）卧姿：平躺，双膝屈曲，双手平放于身体两侧，腹部放松，抬臀，同时收缩会阴部肌肉，脊椎维持一条直线5～10s，臀部放下并放松。 |

【注意事项】

1. 训练时自然呼吸，并保持身体其他部位放松。

2. 训练时可用手触摸腹部，正常情况下腹部无紧缩现象，如腹部有明显紧缩则提示练习的肌肉是错误的。

【案例分析】

患者，女，42岁，4次经阴道分娩生育史，现主诉咳嗽、打喷嚏时漏尿，这种症状最早出现在3年前（上1次）的妊娠当中，近3年症状逐渐加重。思考：护士应如何指导患者增加尿道阻力改善漏尿症状？

分析思路：盆底肌锻炼具有改善产后漏尿的作用，护士应指导患者进行盆底肌训练。具体方法：持续收缩盆底肌5～10s、松弛休息5～10s，如此反复10～15次，每天训练3～8次，持续8周以上或更长时间，帮助患者改善漏尿症状。

第二部分 治疗性护理技术

第四章 医院感染预防与控制技术

熟练掌握医院感染预防和控制技术是防止医院感染、确保患者和医护人员安全的重要环节，其中无菌技术和隔离预防技术尤为重要，要求医护人员熟练掌握并严格执行。

一、无菌技术（aseptic technique）

【目的】 防止一切微生物侵入人体和防止无菌物品、无菌区域被污染。

【用物】

治疗车上层：治疗盘、弯盘、无菌持物镊（钳）、无菌容器、消毒液、无菌棉签、无菌包、无菌巾、灭菌指示带、无菌碗、无菌溶液、无菌手套、卡片、笔、手消毒液等。

治疗车下层：医疗废物垃圾桶、生活垃圾桶。

【操作程序】

1. 无菌持物镊（钳）使用

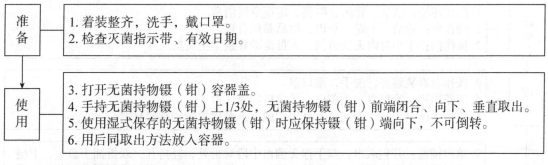

准备	1. 着装整齐，洗手，戴口罩。 2. 检查灭菌指示带、有效日期。
使用	3. 打开无菌持物镊（钳）容器盖。 4. 手持无菌持物镊（钳）上1/3处，无菌持物镊（钳）前端闭合、向下、垂直取出。 5. 使用湿式保存的无菌持物镊（钳）时应保持镊（钳）端向下，不可倒转。 6. 用后同取出方法放入容器。

2. 无菌容器使用

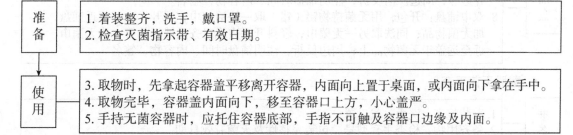

准备	1. 着装整齐，洗手，戴口罩。 2. 检查灭菌指示带、有效日期。
使用	3. 取物时，先拿起容器盖平移离开容器，内面向上置于桌面，或内面向下拿在手中。 4. 取物完毕，容器盖内面向下，移至容器口上方，小心盖严。 5. 手持无菌容器时，应托住容器底部，手指不可触及容器口边缘及内面。

3. 无菌溶液取用

准备	1. 着装整齐，洗手，戴口罩。 2. 检查溶液：标签（液体名称、浓度、剂量、有效期）；瓶体（有无破裂）；瓶口（有无松动）；液体（有无沉淀、浑浊、变色、絮状物）。
使用	3. 开启瓶盖，注意手指不可触及瓶口及瓶塞内面。 4. 一手拿无菌瓶，标签朝向掌心，倒出少量溶液冲洗瓶口。 5. 自冲洗处倒出所需量的溶液至无菌容器中。 6. 如需保留剩余溶液，须无污染盖回瓶塞后消毒瓶口，记录开瓶日期、时间。

4. 无菌包使用

打包	1. 着装整齐，洗手，戴口罩。 2. 将待灭菌物品置于包布中央，用包布一角盖住物品，然后包左右两角及最后一角，"十"字交叉扎带。 3. 贴上灭菌指示带，注明物品名称及过期日期，灭菌。
开包	4. 检查名称、灭菌指示带及过期日期。 5. 开包 （1）托举开包：托举无菌包，解开系带，一手托包，另一手抓住包布四角及系带，检查包内灭菌指示卡后，将包内物品置于无菌区域。 （2）搁置开包：放无菌包于清洁、干燥、平坦处，解开系带，解开四角；检查灭菌指示带后，用无菌持物镊（钳）取出所需物品，放于无菌区域内；将包布按原折痕包好，"一"字形包扎，注明开包日期、时间。

5. 铺无菌盘

评估	1. 操作环境：清洁、宽敞、明亮，定期空气消毒。 2. 操作台：清洁、干燥、平坦，物品布局合理。 3. 操作前：半小时内无因清扫、人员走动导致尘土飞扬。
准备	4. 操作者着装整齐，洗手，戴口罩。 5. 准备用物：治疗盘、无菌巾、无菌持物镊（钳）。 6. 检查无菌巾包装是否完整、有无潮湿、灭菌指示带、有效日期。
铺盘	7. 单巾铺盘：开包取巾；双手捏无菌巾中段对折处，轻抖开，双折铺于盘上，上层向远端呈扇形折叠，边缘向外；添加无菌物品，拉平扇形折叠层覆盖无菌物，对齐边缘；周边反向反折，注明铺盘时间、内容物，签名。 8. 双巾铺盘：开包，用无菌持物镊（钳）取一块治疗巾，展开，由远至近铺盘；添加无菌物品；同法取另一无菌巾，轻抖开，边缘对齐已铺好的第一块无菌巾，由近至远盖于无菌物品上；周边反折，注明铺盘时间、内容物，签名。

6. 戴脱无菌手套

准备	1. 着装整齐，洗手、戴口罩。 2. 备齐用物，检查手套型号、包装完整性及灭菌有效日期。

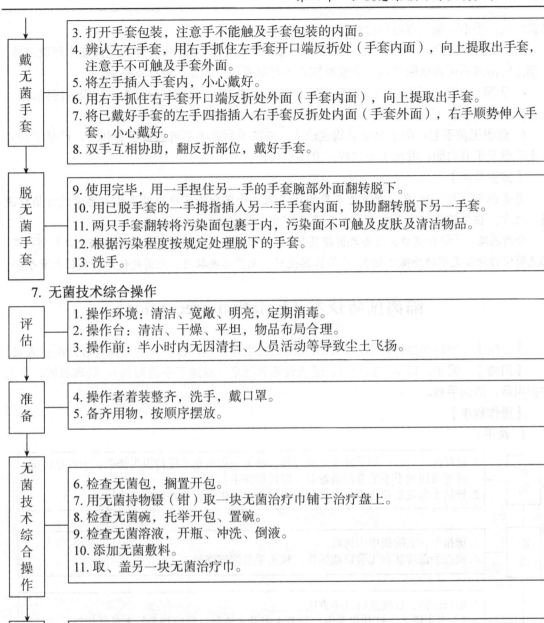

戴无菌手套	3. 打开手套包装，注意手不能触及手套包装的内面。 4. 辨认左右手套，用右手抓住左手套开口端反折处（手套内面），向上提取出手套，注意手不可触及手套外面。 5. 将左手插入手套内，小心戴好。 6. 用右手抓住右手套开口端反折处外面（手套内面），向上提取出手套。 7. 将已戴好手套的左手四指插入右手套反折处内面（手套外面），右手顺势伸入手套，小心戴好。 8. 双手互相协助，翻反折部位，戴好手套。
脱无菌手套	9. 使用完毕，用一手捏住另一手的手套腕部外面翻转脱下。 10. 用已脱手套的一手拇指插入另一手手套内面，协助翻转脱下另一手套。 11. 两只手套翻转将污染面包裹于内，污染面不可触及皮肤及清洁物品。 12. 根据污染程度按规定处理脱下的手套。 13. 洗手。

7. 无菌技术综合操作

评估	1. 操作环境：清洁、宽敞、明亮，定期消毒。 2. 操作台：清洁、干燥、平坦，物品布局合理。 3. 操作前：半小时内无因清扫、人员活动等导致尘土飞扬。
准备	4. 操作者着装整齐，洗手，戴口罩。 5. 备齐用物，按顺序摆放。
无菌技术综合操作	6. 检查无菌包，搁置开包。 7. 用无菌持物镊（钳）取一块无菌治疗巾铺于治疗盘上。 8. 检查无菌碗，托举开包、置碗。 9. 检查无菌溶液，开瓶、冲洗、倒液。 10. 添加无菌敷料。 11. 取、盖另一块无菌治疗巾。
整理	12. 脱手套，按污染程度分类处置。 13. 整理处置用物，洗手。

【评分细则】 无菌技术综合操作评分细则见本章末尾表4-1。

【注意事项】

1. 无菌持物镊（钳）使用：容器深度与无菌持物镊（钳）长度比为3：5，湿式保存法消毒液浸没无菌持物镊长度的1/2或无菌持物钳轴节以上2～3cm；每个容器只放一把无菌持物镊（钳），无菌持物镊（钳）前端闭合、向下、垂直取放，不可触及容器口及液面以上容器内壁；无菌持物镊（钳）不可夹取未灭菌物品，不用于皮肤消毒、换药、取油纱；远处取物需将无菌持物镊（钳）与容器一并搬移；湿式保存每周更换，干式保存4～8h更换。

2. 无菌容器使用：无菌物品取出后虽未污染也不可放回，避免容器内无菌物品在空气中暴露过久，手不可触及容器口边缘及内面。

3. 无菌溶液取用：已开启的无菌溶液保留时间不超过 24h；不得伸入无菌瓶中蘸取液体，已倒出的溶液不可再倒回瓶内；倒液时瓶口不可触及任何物品，液体不外溅。

4. 无菌包使用：已开启的无菌包保留时间不超过 24h，无菌包一旦潮湿应视为污染。

5. 铺无菌盘：已铺好的无菌盘有效期不超过 4h。

6. 戴脱无菌手套：戴手套前后均应洗手；未戴手套之手不可触及手套外面，已戴手套之手不可触及手套内面；发现手套破损应立即更换。

【案例分析】

患者张某，男，24 岁，阑尾炎术后的第 3 天，小张护士需要协助医生为患者进行伤口换药。思考：伤口换药前需做哪些准备？涉及哪些无菌操作？

分析思路：①评估伤口，准备无菌换药包、生理盐水、无菌敷料，必要时根据伤口类型备药。②无菌操作涉及无菌持物镊（钳）、无菌容器使用、无菌溶液取用、无菌包使用、戴脱无菌手套。

二、隔离预防技术（isolation precautions）

【目的】 阻断病原体传播，控制医院感染发生及扩散，保护患者、探视者及医护人员。

【用物】 帽子、口罩、指甲刀、流水设施和肥皂（或速干手消毒剂）、隔离衣裤、个人防护用品、清洁手套。

【操作程序】

1. 洗手

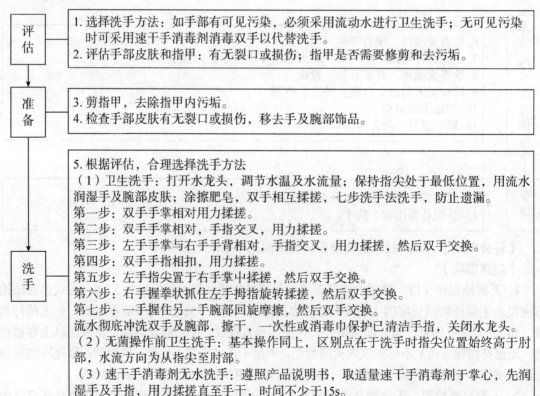

评估	1. 选择洗手方法：如手部有可见污染，必须采用流动水进行卫生洗手；无可见污染时可采用速干手消毒剂消毒双手以代替洗手。 2. 评估手部皮肤和指甲：有无裂口或损伤；指甲是否需要修剪和去污垢。
准备	3. 剪指甲，去除指甲内污垢。 4. 检查手部皮肤有无裂口或损伤，移去手及腕部饰品。
洗手	5. 根据评估，合理选择洗手方法 （1）卫生洗手：打开水龙头，调节水温及水流量；保持指尖处于最低位置，用流水润湿手及腕部皮肤；涂擦肥皂，双手相互揉搓，七步洗手法洗手，防止遗漏。 第一步：双手手掌相对用力揉搓。 第二步：双手手掌相对，手指交叉，用力揉搓。 第三步：左手手掌与右手手背相对，手指交叉，用力揉搓，然后双手交换。 第四步：双手手指相扣，用力揉搓。 第五步：左手指尖置于右手掌中揉搓，然后双手交换。 第六步：右手握拳状抓住左手拇指旋转揉搓，然后双手交换。 第七步：一手握住另一手腕部回旋摩擦，然后双手交换。 流水彻底冲洗双手及腕部，擦干，一次性或消毒巾保护已清洁手指，关闭水龙头。 （2）无菌操作前卫生洗手：基本操作同上，区别点在于洗手时指尖位置始终高于肘部，水流方向为从指尖至肘部。 （3）速干手消毒剂无水洗手：遵照产品说明书，取适量速干手消毒剂于掌心，先润湿手及手指，用力揉搓直至手干，时间不少于15s。

2. 戴脱口罩

| 评估 | 1. 一般诊疗活动、无菌操作、护理免疫力低下患者均可选择外科口罩。
2. 接触经空气传播或近距离接触经飞沫传播的呼吸道传染病患者时，应选择医用防护口罩。 |

| 准备 | 3. 着装整齐。
4. 洗手。 |

| 戴口罩 | 5. 根据评估，判断并选择佩戴适宜的口罩。
（1）外科口罩：①将口罩罩住鼻、口及下巴，口罩下方带系于颈后，上方带系于头顶中部。②将双手指尖同时放于鼻两侧按压口罩上方鼻夹，从中间位置开始，向内按压并逐步向两侧移动，根据鼻梁形状塑造鼻夹，使口罩与面部紧贴。③调整系带松紧度。
（2）医用防护口罩：①一手呈杯状托住口罩，系带自然下垂。②鼻夹向上，将口罩罩住鼻、口及下巴。③另一手将下方系带绕过头顶，放在颈后双耳下。④再将上方系带拉至头顶中部。⑤将双手指尖同时放于鼻两侧按压口罩上方鼻夹，从中间位置开始，向内按压并逐步向两侧移动，根据鼻梁形状塑造鼻夹，使口罩与面部紧贴。⑥检查密闭性：双手盖住口罩，快速呼气，如有漏气应调整鼻夹位置。 |

| 脱口罩 | 6. 使用完毕，洗手。
7. 先解开口罩下方系带，再解开上方系带，用手仅捏住口罩系带将其丢入医疗废物容器内，摘取过程中不要接触到口罩外侧面（即污染面）。
8. 使用过程中一旦潮湿、污染，或外科口罩使用时间超过4h，或医用防护口罩使用时间达到6～8h，应立即更换。 |

3. 穿脱隔离衣

| 评估 | 1. 患者的病情、操作中可能的污染情况。
2. 可选用的隔离衣类型。
3. 穿隔离衣的环境：清洁区、半污染区、污染区。 |

| 准备 | 4. 洗手，检查指甲和皮肤，取下手表及饰品，戴帽子，戴口罩。
5. 穿隔离裤，换隔离鞋。 |

| 穿隔离衣 | 6. 根据评估，判断和选择穿衣方法。
（1）穿清洁隔离衣：取隔离衣，手持衣领轻展开，防止隔离衣接触任何污染物；双手穿入衣袖，系好衣领系带，然后系好袖带；隔离衣遮盖工作服，系腰带，戴清洁手套。
（2）穿使用过的隔离衣：视衣领和内侧面为清洁面。取衣时手持衣领，使清洁面面向自己；一手持衣领，另一手伸入衣袖内，持衣领的手向上拉衣领至另一手及腕部露出衣袖；同法穿另一侧；两手顺衣领找到并系好衣领系带，然后系好袖带；解开腰带活结，双手对齐隔离衣背部双侧衣襟，卷折，系紧腰带，戴清洁手套。 |

脱隔离衣	7. 脱手套，弃于医疗废物桶内，消毒双手，小心解开衣领口。 8. 解开腰带，在前面打一活结。 9. 解开袖口系带，再次消毒双手。 10. 右手伸入左手衣袖内，拉衣袖过手。 11. 双手互相协助，退出衣袖。 12. 双手持领口，将隔离衣两边对齐，挂于衣钩上；挂在半污染区，隔离衣清洁面向外；挂在污染区，隔离衣清洁面向内；不再穿的隔离衣，脱下后清洁面向外，卷好后置于医疗废物袋中。

4. 穿脱防护服

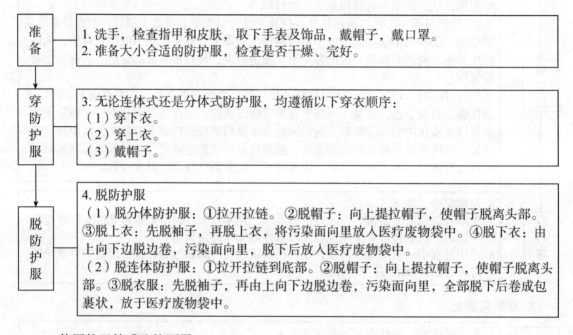

准备	1. 洗手，检查指甲和皮肤，取下手表及饰品，戴帽子，戴口罩。 2. 准备大小合适的防护服，检查是否干燥、完好。
穿防护服	3. 无论连体式还是分体式防护服，均遵循以下穿衣顺序： （1）穿下衣。 （2）穿上衣。 （3）戴帽子。
脱防护服	4. 脱防护服 （1）脱分体防护服：①拉开拉链。②脱帽子：向上提拉帽子，使帽子脱离头部。③脱上衣：先脱袖子，再脱上衣，将污染面向里放入医疗废物袋中。④脱下衣：由上向下边脱边卷，污染面向里，脱下后放入医疗废物袋中。 （2）脱连体防护服：①拉开拉链到底部。②脱帽子：向上提拉帽子，使帽子脱离头部。③脱衣服：先脱袖子，再由上向下边脱边卷，污染面向里，全部脱下后卷成包裹状，放于医疗废物袋中。

5. 使用护目镜或防护面罩

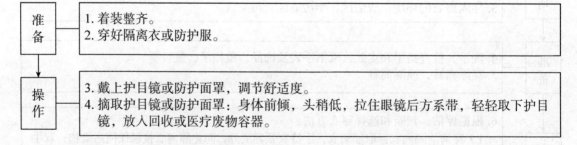

准备	1. 着装整齐。 2. 穿好隔离衣或防护服。
操作	3. 戴上护目镜或防护面罩，调节舒适度。 4. 摘取护目镜或防护面罩：身体前倾，头稍低，拉住眼镜后方系带，轻轻取下护目镜，放入回收或医疗废物容器。

【评分细则】 穿脱隔离衣和穿脱防护装备的评分细则见本章末尾表 4-2 及表 4-3。

【注意事项】

1. 洗手时机：接触患者前后、操作前后洗手；接触患者血液、体液、分泌物、排泄物、黏膜和污染物品时戴手套，脱手套后立即洗手。

2. 洗手方法：速干手消毒剂洗手方法仅适用于手部无明显污染时，有明显污染时必须采用流水洗手方法；洗手揉搓时应防止遗漏；用肥皂和水洗手时揉搓手时间每处至少 15s。

3. 使用口罩：一次性外科口罩使用时间不得超过 4h，医用防护口罩使用时间最好不超过 6~8h；不可用污染手接触口罩；口罩一旦潮湿或污染应立即更换；不可将口罩挂于胸前。

4. 穿脱隔离衣：隔离衣每天更换，如有潮湿或明显污染，立即更换。

5. 穿戴防护用品应遵循的程序：①清洁区进入潜在污染区：洗手→戴帽子→戴医用防护口罩→穿工作衣裤→换工作鞋→进入潜在污染区。手部皮肤破损的戴乳胶手套。②潜在污染区进入污染区：穿隔离衣或防护服→戴护目镜/防护面罩→戴手套→穿鞋套→进入污染区。③为患者进行吸痰、气管切开、气管插管等操作，可能被患者的分泌物和体内物质喷溅的诊疗护理工作前，应戴防护面罩或全面型呼吸防护器。

6. 脱防护用品应遵循的程序：①离开污染区进入潜在污染区前：摘手套、消毒双手→摘护目镜/防护面罩→脱隔离衣或防护服→脱鞋套→洗手和（或）手消毒→进入潜在污染区，洗手或手消毒，使用后物品分别置于专用污物容器内。②从潜在污染区进入清洁区前：洗手和（或）手消毒→脱工作服→摘医用防护口罩→摘帽子→洗手和（或）手消毒后，进入清洁区。③离开清洁区：沐浴、更衣→离开清洁区。

【案例分析】

小张是急症室护士，接到医院任务被抽调到新型冠状病毒感染隔离病区工作。思考：护士小张在进入新型冠状病毒感染隔离病区工作前应该选用哪些个人防护用品？穿脱个人防护用品的顺序和注意事项有哪些？

分析思路：

1. 个人防护用品　工作帽、口罩、手套、护目镜、防护面罩、呼吸器、防护服、防水围裙、隔离衣等。

2. 穿戴防护用品的顺序　操作前准备（评估环境、清点用物、护士准备）→手卫生→戴防护口罩→戴工作帽→穿防护服→戴护目镜→戴手套→穿靴套→全面检查→手卫生→穿戴完毕、进入潜在污染区。

3. 脱除防护用品的顺序　操作前准备（评估环境）→进入脱一区、手卫生→摘护目镜→脱防护服、手套、靴套→洗手、脱工作帽→手卫生→进入脱二区、手卫生→摘工作帽及防护口罩→手卫生→戴外科口罩→脱除完毕、进入清洁区。

4. 注意事项　①所有操作均在镜前进行，穿戴完毕后两人一组互相检查。②当诊疗操作可能受到新型冠状病毒感染患者大量血液、体液、分泌物喷溅时，可在防护服外增加一层长袖防渗透隔离衣，此时可佩戴两层手套（防护服外戴一层，长袖隔离衣外再戴一层）。③当为新型冠状病毒感染患者实施气管切开、气管插管时，可根据情况用正压头套或全面防护型呼吸防护器代替护目镜或防护面屏。④速干免洗消毒洗手方法仅适用于手部无明显污染时，有明显污染时必须采用有水洗手方法；操作前后均应洗手，每脱一样防护用品前先洗手。

评分细则

表 4-1　无菌技术综合操作评分表

姓名：_____　　　　　　　学号：_____　　　　　成绩：_____

项目	时间	流程	技术要求	分值	扣分
评估准备		评估：环境、操作台	清洁、宽敞、干燥、布局合理	2	
		仪表	衣帽整齐	2	
		备物	少一件扣 0.5 分	2	
		擦桌、洗手	桌面无污渍	2	
铺盘	时间 7min，超过 10s 扣 0.5 分	查对无菌包	查对包布、灭菌指示带	4	
		打开包布		2	
		用钳		6	
		铺巾		6	
		查对治疗碗包	查对包布、灭菌指示带	6	
		打开包布		2	
		放置无菌碗		2	
		查对无菌溶液	查对名称、浓度、剂量、有效期和质量（口述）	8	
		开瓶		4	
		冲瓶		4	
		倒液		4	
		添加无菌敷料		4	
		盖治疗巾		6	
		记录	无菌盘名称、时间、签名	3	
戴、脱手套		洗手		2	
		查对无菌手套包	查对包装、灭菌指示带	6	
		打开		3	
		取无菌手套		2	
		戴无菌手套	大小合手	6	
		脱无菌手套		4	
		整理处置用物、洗手	分类处理	2	
其他		污染	污染 1 次扣 2 分，未弥补而导致使用污染物品，为不及格		
		程序	原则步骤颠倒 1 次扣 1 分	2	
		动作	轻、准、稳	2	
		机动		2	
总分				100	

操作时间：_____　　　　　　　　　监考人：_____

表 4-2　穿脱隔离衣评分表

姓名：_____　　　　　学号：_____　　　　　成绩：_____

项目	时间	流程	技术要求	分值	扣分
评估准备		评估	患者的病情、操作中可能的污染情况；可选用的隔离衣类型；穿隔离衣的环境	4	
		备物齐全	少一件扣 0.5 分	2	
		洗手		2	
		检查指甲及皮肤		2	
		取下手表及饰品		2	
		戴帽子	遮住所有头发	2	
		戴口罩	检查口罩密闭性、松紧度	2	
		穿隔离裤，换隔离鞋		2	
		穿工作服	长袖工作服须卷袖过肘	2	
穿隔离衣	时间 5min，超过 10s 扣 0.5 分	取隔离衣，持领		4	
		穿袖		6	
		系领带	袖口不可触及衣领、面部和帽子	8	
		扎袖口		4	
		折边		4	
		系腰带	后背暴露直径不超过 5cm	6	
		戴清洁手套	检查手套密闭性	4	
脱隔离衣		操作完毕，脱手套，处理污染手套	手部皮肤不能接触到手套外侧面或隔离衣污染面	6	
		消毒双手	使用速干手消毒剂进行七步洗手法洗手	4	
		解开领带	不能污染衣领	8	
		解开腰带，打活结		4	
		解开袖带，消毒双手		4	
		内脱袖	不可污染手及手臂	8	
		处理隔离衣		4	
其他		污染	每次污染扣 2 分，未弥补而导致无效防护，为不及格		
		程序	原则步骤颠倒 1 次扣 1 分	2	
		动作	轻、准、稳	2	
		机动		2	
总分				100	

操作时间：_____　　　　　　　　　　　监考人：_____

表 4-3 穿脱防护装备评分表

姓名：_____ 　　　　学号：_____ 　　　　成绩：_____

项目	时间	流程	技术要求	分值	扣分
评估准备		评估环境	从清洁区进入潜在污染区，在清洁区穿戴	2	
		备物齐全	少一件扣 0.5 分	2	
		穿工作服、工作鞋		2	
		检查手部指甲及皮肤，取下手表及饰品		2	
穿防护装备	时间 5min，超过 10s 扣 0.5 分	手卫生	七步洗手法	4	
		戴帽子	遮住所有头发和耳朵	4	
		戴医用防护口罩	检查口罩密闭性	4	
		穿防护服	先穿下衣、再穿上衣、最后戴帽子，帽子完全盖住内层工作帽	4	
		戴护目镜	将护目镜置于眼部，上缘压住帽子、下缘压住口罩	4	
		戴清洁手套	将手套套在防护服袖口外面	4	
		穿靴套	将靴套拉至小腿以上，包裹住防护服裤腿	4	
		全面检查	检查穿戴情况，避免皮肤尤其是面部裸露，确保穿戴符合规范	4	
		手卫生	七步洗手法	4	
		穿戴完毕，进入潜在污染区		4	
脱防护装备	准备	评估环境	从潜在污染区进入清洁区，在缓冲间进行	2	
	时间 5min，超过 10s 扣 0.5 分	进入脱一区、手卫生		4	
		摘护目镜	拉住眼镜后方系带，身体前倾，头稍低，轻轻取下	4	
		脱防护服、手套、靴套	拉开拉链到底部；脱帽子；从内向外向下反卷，一并脱除防护服、手套及靴套	8	
		手卫生		4	
		进入脱二区、手卫生		4	
		摘工作帽	身体前倾、低头、闭眼，捏住帽子顶部摘掉	4	
		摘医用防护口罩	先解开下方系带，再解开上方系带；注意手不要触碰口罩，口罩不要触碰身体	4	
		手卫生		4	
		戴外科口罩		4	
		脱除完毕、进入清洁区		4	

续表

项目	时间	流程	技术要求	分值	扣分
其他		污染	每次污染扣2分，未弥补而导致无效防护，为不及格		
		程序	原则步骤颠倒1次扣1分	2	
		动作	轻、准、稳	2	
		机动		2	
总分				100	

操作时间：＿＿＿＿＿＿＿＿　　　　　　监考人：＿＿＿＿＿＿＿＿

第五章　生命体征观察与护理技术

生命体征是体温、脉搏、呼吸及血压的总称，也是衡量机体身心状况的可靠指标，生命体征观察与护理技术是护士必备的基础操作技能。

一、生命体征测量（measurement of vital sign）

（一）体温测量（measurement of body temperature）

【目的】　监测体温变化情况，为诊断、预防、治疗和护理提供依据。

【用物】　治疗盘、弯盘、电子体温计或汞柱式体温计、计时器、纱布、笔、记录本、手消毒液。

【操作程序】

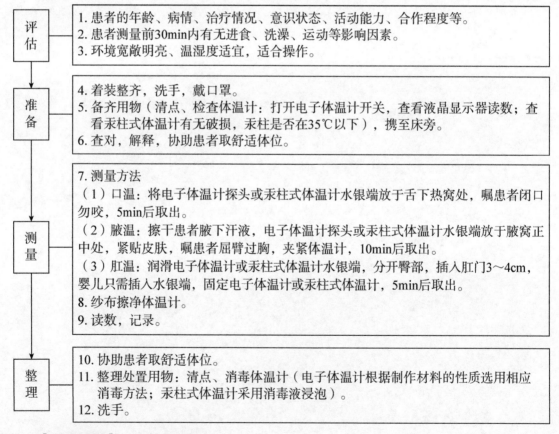

评估	1. 患者的年龄、病情、治疗情况、意识状态、活动能力、合作程度等。 2. 患者测量前30min内有无进食、洗澡、运动等影响因素。 3. 环境宽敞明亮、温湿度适宜，适合操作。
准备	4. 着装整齐，洗手，戴口罩。 5. 备齐用物（清点、检查体温计：打开电子体温计开关，查看液晶显示器读数；查看汞柱式体温计有无破损，汞柱是否在35℃以下），携至床旁。 6. 查对，解释，协助患者取舒适体位。
测量	7. 测量方法 （1）口温：将电子体温计探头或汞柱式体温计水银端放于舌下热窝处，嘱患者闭口勿咬，5min后取出。 （2）腋温：擦干患者腋下汗液，电子体温计探头或汞柱式体温计水银端放于腋窝正中处，紧贴皮肤，嘱患者屈臂过胸，夹紧体温计，10min后取出。 （3）肛温：润滑电子体温计或汞柱式体温计水银端，分开臀部，插入肛门3～4cm，婴儿只需插入水银端，固定电子体温计或汞柱式体温计，5min后取出。 8. 纱布擦净体温计。 9. 读数，记录。
整理	10. 协助患者取舒适体位。 11. 整理处置用物：清点、消毒体温计（电子体温计根据制作材料的性质选用相应消毒方法；汞柱式体温计采用消毒液浸泡）。 12. 洗手。

【评分细则】　见本章末尾表5-1。

【注意事项】

1. 如患者有进食、喝冷热水、冷热敷、洗澡、灌肠、坐浴及剧烈运动等情况，应在此类活动30min后测量体温。

2. 口鼻疾病、精神异常、昏迷、呼吸困难、不能合作者及婴幼儿忌测口温；腹泻、直肠或肛门手术、心肌梗死者不宜测肛温；极度消瘦者不宜测腋温。

3. 测口温时勿说话，防止体温计滑落或咬断；如不慎咬破汞柱式体温计，首先应立即清除玻璃碎屑及汞，以免损伤黏膜和中毒；如有吞入，应尽快口服蛋清或牛奶，延缓汞的吸收，可进食粗纤维食物，加快汞的排出。

4. 插入肛表时勿用力，以免损伤肛门和直肠；为小儿测肛温时注意固定肛表，防止肛表滑落或插入太深。

5. 甩汞柱式体温计前发现汞柱高度超过35℃标志线，应捏紧其尾端以前臂带动手腕用力向下甩，避开障碍物以防体温计碰碎。

6. 切忌用40℃以上的热水浸泡体温计，以免体温计爆裂。

7. 怀疑体温与病情不符的患者应重新测量，查找原因。

（二）呼吸、脉搏测量（measurement of respiration and pulse）

【目的】　监测呼吸及脉搏变化情况，为诊断、预防、治疗和护理提供依据。

【用物】　计时器（可读秒）、笔、记录本、手消毒液。

【操作程序】

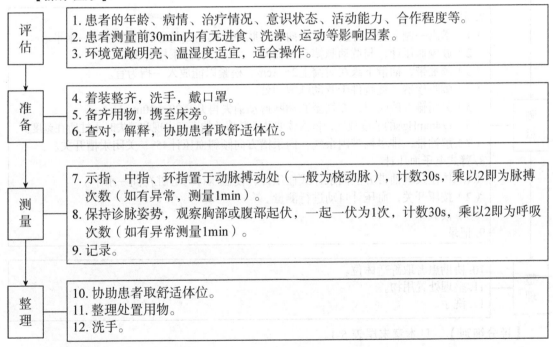

评估	1. 患者的年龄、病情、治疗情况、意识状态、活动能力、合作程度等。 2. 患者测量前30min内有无进食、洗澡、运动等影响因素。 3. 环境宽敞明亮、温湿度适宜，适合操作。
准备	4. 着装整齐，洗手，戴口罩。 5. 备齐用物，携至床旁。 6. 查对，解释，协助患者取舒适体位。
测量	7. 示指、中指、环指置于动脉搏动处（一般为桡动脉），计数30s，乘以2即为脉搏次数（如有异常，测量1min）。 8. 保持诊脉姿势，观察胸部或腹部起伏，一起一伏为1次，计数30s，乘以2即为呼吸次数（如有异常测量1min）。 9. 记录。
整理	10. 协助患者取舒适体位。 11. 整理处置用物。 12. 洗手。

【评分细则】　见本章末尾表5-1。

【注意事项】

1. 观察呼吸时保持诊脉姿势，避免患者察觉，避免患者因紧张而影响呼吸、脉搏；婴幼儿的呼吸、脉搏应于测量体温和血压前进行，避免小儿哭闹致呼吸、脉搏增快。

2. 为异常脉搏及呼吸、危重患者测量脉搏和呼吸时应测量1min；如果患者脉搏细弱难以数清，可用听诊器放于心尖冲动处，听诊1min心率；呼吸微弱者，置少许棉花于鼻孔前，观察棉花被吹动次数，测量1min。

3. 测量呼吸次数的同时，注意观察呼吸的深度、节律、形态、有无异常声音等。

4. 不可用拇指测量脉搏，因为拇指小动脉的搏动较强，容易与患者的脉搏相混淆。

5. 绌脉时，应由两人同时测量，一人计数动脉搏动、一人计数心率，由听心率者发出开始和停的口令，计数 1min；测量结果以分数形式记录：心率/脉率，如 122/65。

（三）血压测量（measurement of blood pressure）

【目的】　监测血压的变化情况，为诊断、预防、治疗和护理提供依据。

【用物】　血压计（电子臂式、汞柱式）、听诊器、记录本、笔、手消毒液。

【操作程序】

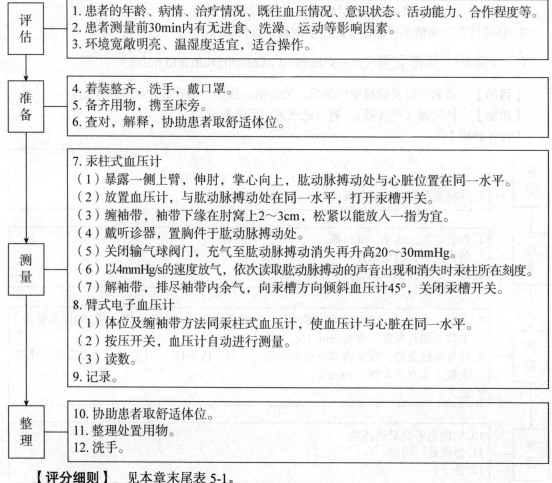

评估	1. 患者的年龄、病情、治疗情况、既往血压情况、意识状态、活动能力、合作程度等。 2. 患者测量前30min内有无进食、洗澡、运动等影响因素。 3. 环境宽敞明亮、温湿度适宜，适合操作。
准备	4. 着装整齐，洗手，戴口罩。 5. 备齐用物，携至床旁。 6. 查对，解释，协助患者取舒适体位。
测量	7. 汞柱式血压计 （1）暴露一侧上臂，伸肘，掌心向上，肱动脉搏动处与心脏位置在同一水平。 （2）放置血压计，与肱动脉搏动处在同一水平，打开汞槽开关。 （3）缠袖带，袖带下缘在肘窝上2~3cm，松紧以能放入一指为宜。 （4）戴听诊器，置胸件于肱动脉搏动处。 （5）关闭输气球阀门，充气至肱动脉搏动消失再升高20~30mmHg。 （6）以4mmHg/s的速度放气，依次读取肱动脉搏动的声音出现和消失时汞柱所在刻度。 （7）解袖带，排尽袖带内余气，向汞槽方向倾斜血压计45°，关闭汞槽开关。 8. 臂式电子血压计 （1）体位及缠袖带方法同汞柱式血压计，使血压计与心脏在同一水平。 （2）按压开关，血压计自动进行测量。 （3）读数。 9. 记录。
整理	10. 协助患者取舒适体位。 11. 整理处置用物。 12. 洗手。

【评分细则】　见本章末尾表 5-1。

【注意事项】

1. 偏瘫、肢体外伤或手术的患者应选择健侧肢体测量。

2. 仰卧测量时肱动脉平腋中线，坐位时平第 4 肋软骨。

3. 如需重测，先将袖带内气体驱尽，使汞柱降至"0"点，待患者休息片刻再行重测。

【案例分析】

患者，男，37 岁，因车祸造成左前臂骨折入院。思考：护士为该患者测量生命体征的操作中应注意哪些问题？

分析思路：①评估患者的年龄、病情、活动能力、意识状态、合作程度，有无影响测量准确性的因素等。②根据评估情况选择合适部位和工具进行生命体征测量，可选择右上肢进行体温、脉搏、血压测量；也可选择额温计、耳温计等进行单独的体温测量。③根据病情持续监测生命体征。

二、氧气吸入术（oxygen inhalation）

（一）氧气筒给氧

【目的】 通过给氧，增加吸入气氧浓度，以提高动脉血氧分压和动脉血氧饱和度，从而预防和纠正各种原因所致的组织缺氧。

【用物】 氧气筒。

治疗车上层：治疗盘、氧气表、鼻氧管、治疗碗、弯盘、棉签、胶布、记录卡、笔、扳手、蒸馏水或冷开水、手电筒、手消毒液。

治疗车下层：医疗废物垃圾桶、生活垃圾桶。

【操作程序】

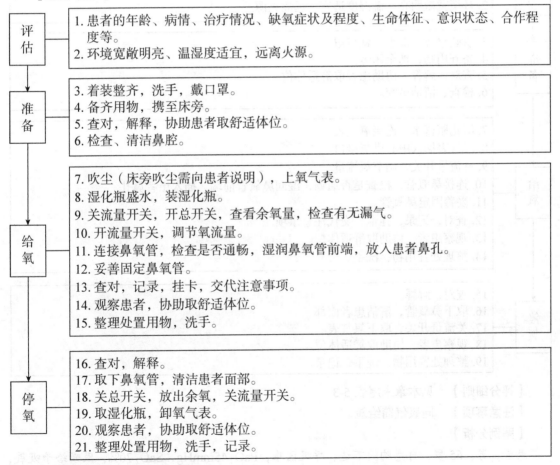

评估	1. 患者的年龄、病情、治疗情况、缺氧症状及程度、生命体征、意识状态、合作程度等。 2. 环境宽敞明亮、温湿度适宜，远离火源。
准备	3. 着装整齐，洗手，戴口罩。 4. 备齐用物，携至床旁。 5. 查对，解释，协助患者取舒适体位。 6. 检查、清洁鼻腔。
给氧	7. 吹尘（床旁吹尘需向患者说明），上氧气表。 8. 湿化瓶盛水，装湿化瓶。 9. 关流量开关，开总开关，查看余氧量，检查有无漏气。 10. 开流量开关，调节氧流量。 11. 连接鼻氧管，检查是否通畅，湿润鼻氧管前端，放入患者鼻孔。 12. 妥善固定鼻氧管。 13. 查对，记录，挂卡，交代注意事项。 14. 观察患者，协助取舒适体位。 15. 整理处置用物，洗手。
停氧	16. 查对，解释。 17. 取下鼻氧管，清洁患者面部。 18. 关总开关，放出余氧，关流量开关。 19. 取湿化瓶，卸氧气表。 20. 观察患者，协助取舒适体位。 21. 整理处置用物，洗手，记录。

【评分细则】 见本章末尾表5-2。

【注意事项】

1. 注意用氧安全，做好"四防"：防火、防震、防热、防油。

2. 氧气瓶内氧气不可用尽，压力表上指针降至 0.5MPa 即不可再用。

3. 给氧时先调节流量后连接鼻氧管，停氧时先分离鼻氧管后关总开关，不可颠倒；中途改变流量也须先分离鼻氧管，调节好流量再连接。

4. 尽量避免长时间高流量吸氧以防氧中毒，如出现胸骨后疼痛、咳嗽、恶心等症状应警惕。

（二）供氧中心给氧

【目的】 同氧气筒给氧。

【用物】

治疗车上层：治疗盘、氧气表、鼻氧管、治疗碗、弯盘、棉签、胶布、记录卡、笔、蒸馏水或冷开水、手电筒、手消毒液。

治疗车下层：医疗废物垃圾桶、生活垃圾桶。

【操作程序】

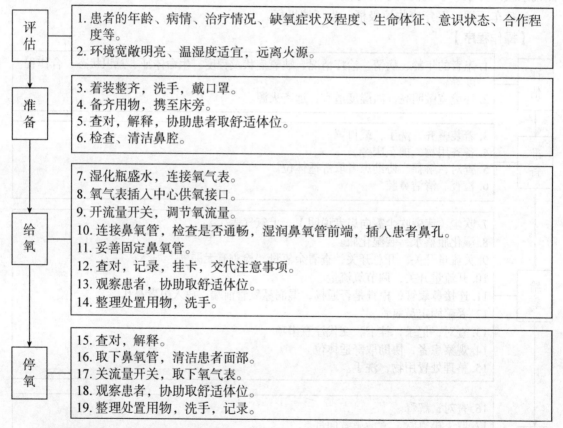

评估	1. 患者的年龄、病情、治疗情况、缺氧症状及程度、生命体征、意识状态、合作程度等。 2. 环境宽敞明亮、温湿度适宜，远离火源。
准备	3. 着装整齐，洗手，戴口罩。 4. 备齐用物，携至床旁。 5. 查对，解释，协助患者取舒适体位。 6. 检查、清洁鼻腔。
给氧	7. 湿化瓶盛水，连接氧气表。 8. 氧气表插入中心供氧接口。 9. 开流量开关，调节氧流量。 10. 连接鼻氧管，检查是否通畅，湿润鼻氧管前端，插入患者鼻孔。 11. 妥善固定鼻氧管。 12. 查对，记录，挂卡，交代注意事项。 13. 观察患者，协助取舒适体位。 14. 整理处置用物，洗手。
停氧	15. 查对，解释。 16. 取下鼻氧管，清洁患者面部。 17. 关流量开关，取下氧气表。 18. 观察患者，协助取舒适体位。 19. 整理处置用物，洗手，记录。

【评分细则】 见本章末尾表 5-3。

【注意事项】 同氧气筒给氧。

【案例分析】

患者，男，65 岁，自感胸闷不适、呼吸困难，PaO_2 45mmHg，SaO_2 70%，医嘱给予吸氧，操作中应注意哪些问题？

分析思路：①评估患者的病情、治疗情况、缺氧症状及程度、生命体征、意识状态、合作程度等。②根据评估情况选择合适的吸氧方式。③根据缺氧程度决定给氧流量：轻度缺氧为1～

2L/min，中度缺氧为 2～4L/min，重度缺氧为 4～6L/min。④注意用氧安全，用氧过程中注意观察患者缺氧改善情况、有无出现不良反应。

三、吸痰术（sputum suctioning）

（一）开放式吸痰术

【目的】

1. 清除呼吸道分泌物，保持呼吸道通畅。

2. 促进呼吸功能，改善肺通气。

3. 预防肺不张、坠积性肺炎等并发症。

【用物】　电动吸引器或中心吸引器（储液瓶内盛消毒液 200～400ml）。

治疗车上层：基础治疗盘、治疗碗、生理盐水、一次性吸痰管数根、盛有消毒液的容器、无菌手套、手消毒液，必要时备开口器、压舌板、舌钳、无菌纱布、胶布。

治疗车下层：医疗废物垃圾桶、生活垃圾桶。

【操作程序】

评估	1.患者的年龄、病情、治疗情况、生命体征、意识状态、是否需要吸痰、有无将呼吸道分泌物排出的能力等。 2.环境宽敞明亮、温湿度适宜，适合操作。
准备	3.着装整齐，洗手，戴口罩。 4.备齐用物，携至床旁。 5.查对，解释，协助患者取舒适体位，检查患者口、鼻腔。
试吸	6.连接负压吸引设备 （1）电动吸引器：连接吸引器及各管道，检查是否连接正确，接电源，开机检查、调节负压。 （2）中心负压吸引：负压接头插入中心负压插口，连接各管道，打开开关，调节负压。 7.一手戴无菌手套，持吸痰管，试吸、润滑管道。
吸痰	8.反折吸痰管，使吸痰管保持无负压状态，插管 （1）经口：经口腔插入10～15cm。 （2）经鼻：选择鼻腔通畅一侧，插入20～25cm。 （3）经人工气道：插管超出套管加附件长度1～2cm。 （4）经气管切开：插入气管套管5cm左右。 9.放开吸痰管反折部分，使负压通畅，左右旋转吸痰管，自深部向上提拉吸净痰液，时间不超过15s。 10.观察患者反应及吸出痰液的量、色、性状。 11.冲洗管道，评估有无痰鸣音，如有必要更换吸痰管，应休息3～5min后再次吸痰。 12.吸痰完毕，关吸引器，吸痰管用手套翻转包裹弃入医疗废物垃圾桶，吸引管接头插入消毒液内浸泡或用无菌纱布包裹。 13.观察吸痰效果。

| 整理 | 14. 查对，协助患者清洁面部，取舒适体位。
15. 整理处置用物，洗手，记录。 |

【评分细则】　见本章末尾表5-4。

【注意事项】

1. 密切观察患者病情，观察呼吸道是否通畅，以及面色、生命体征变化等，如发现患者排痰不畅或喉头有痰鸣音，应及时吸痰。

2. 动作轻柔，避免吸痰管固定于一处抽吸。

3. 人工气道吸痰时应遵循无菌操作原则，吸痰管外径不超过人工气道内径的1/2。

4. 如有多处吸痰，应先行无菌吸痰，然后再吸口腔或鼻腔，1根吸痰管只用于1处吸痰。

5. 插管过程中不可开启负压，以免损伤呼吸道黏膜。

6. 痰液黏稠者可先在气道内滴入稀释液，然后再吸痰。

7. 电动吸引器储液瓶内痰液应及时倾倒，瓶内液体不能超过瓶体容积的2/3。

8. 吸引管及储液瓶定时消毒，痰液消毒后倾倒。

【案例分析】

患者，女，50岁，因脑外伤入院，血压140/90mmHg，脉搏94次/分，体温38.6℃，呼吸20次/分，意识不清，肺部可闻及痰鸣音，医嘱予吸痰。思考：护士在吸痰操作中应注意哪些问题？

分析思路：①吸痰时调节适合成人的负压。②插管动作轻柔，防止损伤呼吸道黏膜。③吸痰过程中严格执行无菌操作，防止污染。④吸痰过程中观察患者反应，如有缺氧症状如发绀、心率下降等，应立即停止吸痰，短暂休息后再行吸痰。

（二）密闭式吸痰术

【目的】　同开放式吸痰术。

【用物】　电动吸引器或中心吸引装置。

治疗车上层：密闭式吸痰管、一次性输液器、无菌生理盐水、无菌手套、手消毒液、听诊器，必要时备开口器、压舌板、舌钳。

治疗车下层：医疗废物垃圾桶、生活垃圾桶。

【操作程序】

| 评估 | 1. 患者的年龄、病情、治疗情况、意识状态、是否需要吸痰、有无将呼吸道分泌物排出的能力等。
2. 环境宽敞明亮、温湿度适宜，适合操作。 |

| 准备 | 3. 着装整齐，洗手，戴口罩。
4. 备齐用物，携至床旁。
5. 查对，解释，协助患者取舒适体位，检查患者口、鼻腔。
6. 吸痰前调节氧流量。
7. 吸引装置连接、检查，打开负压开关，调节负压。
8. 连接密闭式吸痰管。
9. 连接冲洗装置。
10. 检查导管位置、气囊压力。 |

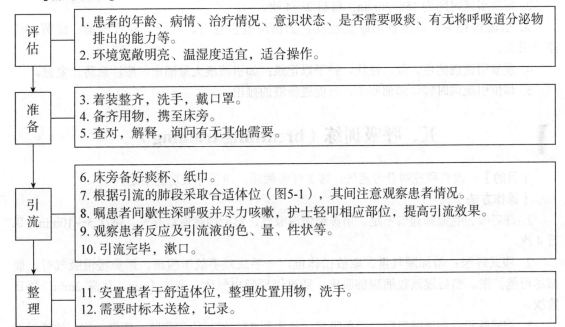

吸痰	11. 戴无菌手套，一手固定气管导管，另一手平稳迅速地将吸痰管沿气管导管插入，按住负压控制阀将吸痰管从深部左右旋转、上提退出，时间不超过15s。 12. 观察患者面色、呼吸状况，痰液色、量、性状等。 13. 冲洗吸痰管。 14. 关负压表，调节氧流量。 15. 观察吸痰效果。
整理	16. 检查导管位置、气囊压力。 17. 查对，擦净患者面部，协助其取舒适卧位。 18. 整理处理用物，洗手，记录。

【注意事项】

1. 插管过程中不可开启负压，以免损伤呼吸道黏膜。

2. 吸痰完毕后吸痰管应完全退出安全柱接头外。

3. 吸痰结束后调节合适的氧流量。

四、体位引流排痰术

【目的】 通过非吸痰的方法，借助外力帮助患者排痰。

【用物】 引流床或多个支撑垫、痰杯、漱口水、纸巾。

【操作程序】

评估	1. 患者的年龄、病情、治疗情况、意识状态、是否需要吸痰、有无将呼吸道分泌物排出的能力等。 2. 环境宽敞明亮、温湿度适宜，适合操作。
准备	3. 着装整齐，洗手，戴口罩。 4. 备齐用物，携至床旁。 5. 查对，解释，询问有无其他需要。
引流	6. 床旁备好痰杯、纸巾。 7. 根据引流的肺段采取合适体位（图5-1），其间注意观察患者情况。 8. 嘱患者间歇性深呼吸并尽力咳嗽，护士轻叩相应部位，提高引流效果。 9. 观察患者反应及引流液的色、量、性状等。 10. 引流完毕，漱口。
整理	11. 安置患者于舒适体位，整理处置用物，洗手。 12. 需要时标本送检，记录。

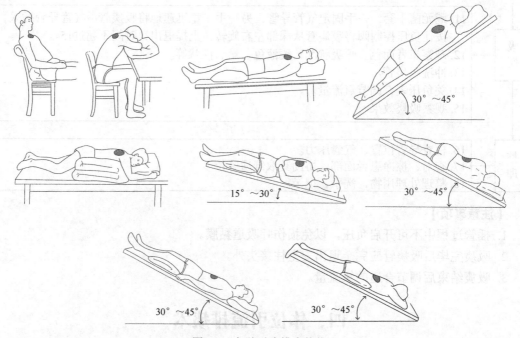

图 5-1　各种引流排痰体位

【注意事项】

1. 引流前注意观察患者情况，当患者感觉疲乏或虚弱时停止引流。

2. 每次引流时间为 15～30min，每日 2～4 次。

3. 引流过程中监测患者的耐受程度，如出现脸色苍白、冷汗、呼吸困难、疲劳，应停止引流。

4. 观察引流液的色、量、性状，并予以记录；如引流液大量涌出，应注意防止窒息。

5. 体位引流同时辅以肺部叩击，可促进痰液的排出。

五、呼吸训练（breathing training）

【目的】　改善和控制患者通气，减少呼吸做功，纠正呼吸功能不足。

【操作方法】

1. 深呼吸：克服肺通气不足。用鼻缓慢深吸气，然后用嘴慢慢呼气。每次 5～10min，每日 4 次。

2. 腹式呼吸：增加潮气量。取放松体位，一手或双手放于腹部。用鼻缓慢吸气时，腹部尽可能扩张。然后逐渐收缩腹部肌肉，通过缩唇呼出气体。训练 1min、休息 2min，每日数次。

3. 缩唇呼吸：训练呼吸肌。用鼻吸气（计数到 3）；然后收缩腹肌，缓慢、均匀地通过缩窄的唇呼气（计数到 7）。呼气时嘴唇缩成吹口哨状或口含吸管状。也可走路时练习，吸气时走 2 步，呼气时走 4 步，如此反复。逐步增加至 4 次/日，每次 5～10min。

评分细则

表 5-1 生命体征测量评分表

姓名：_____ 　　　　学号：_____ 　　　　成绩：_____

项目	时间	流程	技术要求	分值	扣分
评估准备		着装，洗手	衣帽整齐	2	
		备物	少一件扣 0.5 分	2	
		查对、评估、解释		8	
		摆体位		2	
体温、呼吸、脉搏、血压测量	时间 12min，超过 10s 扣 0.5 分	擦除腋下汗液		2	
		放体温计	放置位置正确	4	
		测脉搏		6	
		测呼吸	保持测量脉搏的姿势	6	
		记录脉搏、呼吸结果		4	
		露臂、置血压计	心脏、肱动脉处于同一水平	6	
		开汞槽开关		2	
		缠袖带	位置、松紧	8	
		戴、置听诊器	胸件放在肱动脉搏动处	6	
		充气		4	
		放气	放气速度适宜	4	
		解袖带		4	
		关汞槽开关	向汞槽方向倾斜	4	
		记录血压结果		4	
		取出体温计，读数记录		4	
		整理处置用物		6	
		洗手		2	
其他		程序	原则步骤颠倒 1 次扣 1 分	2	
		动作	轻、准、稳	4	
		机动		4	
总分				100	

操作时间：_____ 　　　　　　　　监考人：_____

表 5-2 氧气筒给氧评分表

姓名：_____　　　　学号：_____　　　　成绩：_____

项目	时间	流程	技术要求	分值	扣分
评估准备		着装，洗手	衣帽整齐	2	
		备物	少一件扣0.5分	2	
		查对、评估、解释		8	
		协助患者取舒适体位		2	
		检查、清洁鼻腔		4	
给氧	时间5min，超过10s扣0.5分	吹尘		2	
		上表	端正，不漏气	4	
		湿化瓶盛水，接湿化瓶		6	
		检查	关流量开关	4	
			开总开关	4	
		开流量开关		2	
		调流量	调节准确	4	
		接鼻氧管		2	
		检查管道通畅		2	
		湿润鼻氧管		2	
		插管		2	
		固定		2	
		查对、记录、挂卡、交代		8	
		观察		2	
		整理处置用物，洗手		4	
停氧		查对、解释		4	
		取下鼻氧管		2	
		关总开关		2	
		关流量开关		2	
		取湿化瓶、卸氧气表		4	
		观察		2	
		整理处置用物，洗手		4	
		记录		2	
其他		程序	原则步骤颠倒1次扣2分	4	
		动作	轻、准、稳	4	
		机动		2	
总分				100	

操作时间：_____　　　　监考人：_____

表 5-3 供氧中心给氧评分表

姓名：_____　　　　　学号：_____　　　　　成绩：_____

项目	时间	流程	技术要求	分值	扣分
评估准备		着装、洗手	衣帽整齐	2	
		备物	少一件扣 0.5 分	2	
		查对、评估、解释		8	
		协助患者取舒适体位		2	
		检查、清洁鼻腔		4	
给氧	时间 3min，超过 10s 扣 0.5 分	湿化瓶盛水		4	
		接湿化瓶		4	
		氧气表插入中心供氧接口		2	
		开流量开关		4	
		调流量		4	
		接鼻氧管		2	
		检查管道通畅		4	
		润管		2	
		插管		2	
		固定		2	
		查对，记录，挂卡、交代		8	
		观察		2	
		整理处置用物、洗手		4	
停氧		查对，解释		4	
		取下鼻氧管		4	
		关流量开关		4	
		卸氧气表		4	
		观察		4	
		整理处置用物、洗手		4	
		记录		2	
其他		程序	原则步骤颠倒 1 次扣 2 分	2	
		动作	轻、稳、准	4	
		机动		4	
总分				100	

操作时间：_____　　　　　监考人：_____

表 5-4 开放式吸痰术评分表

姓名：_____ 　　　　学号：_____ 　　　　成绩：_____

项目	时间	流程	技术要求	分值	扣分
评估准备		着装，洗手	衣帽整齐	2	
		备物	少一件扣 0.5 分	2	
		查对		2	
		评估、解释		6	
		安置体位		4	
		检查患者口、鼻腔		2	
试吸	时间 5min，超过 10s 扣 0.5 分	吸引器连接、检查	口述压力	8	
		戴手套，连接吸痰管	一手戴无菌手套	6	
		试吸		4	
吸痰		插管	反折吸痰管，深度合适	8	
		抽吸	旋转，时间	8	
		观察	口述	4	
		冲吸管道		4	
		分离		4	
		吸痰管置医疗废物垃圾桶		4	
		吸引管接头消毒液浸泡或用无菌纱布包裹		4	
		观察吸痰效果		4	
整理		清洁患者面部，安置体位		4	
		整理处置用物、洗手		4	
		记录		4	
其他		动作	轻、准、稳	4	
		程序	原则步骤颠倒 1 次扣 1 分	4	
		机动		4	
总分				100	

操作时间：_____ 　　　　　　　　监考人：_____

第六章　冷热护理技术

冷热护理技术是利用低于或高于人体表面温度的物质作用于体表皮肤，通过皮肤感觉和体温调节活动引起局部与全身血液分布变化以及温度变化，从而达到一定治疗作用的技术。

一、冷疗术（cold therapy）

全身或局部用冷可通过促进散热、减慢血流、收缩血管、降低细胞活性等方式达到降温、止血、控制炎症、减轻疼痛等目的。

（一）冰袋或冰囊的使用（use of ice bags）

【目的】　降温、局部消肿、止血、止痛、消炎。

【用物】

治疗车上层：冰袋或冰囊、冰块、毛巾套、脸盆、手消毒液。

治疗车下层：医疗废物垃圾桶、生活垃圾桶。

【操作程序】

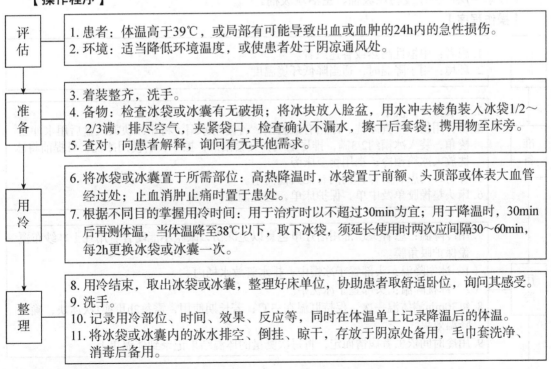

评估	1. 患者：体温高于39℃，或局部有可能导致出血或血肿的24h内的急性损伤。 2. 环境：适当降低环境温度，或使患者处于阴凉通风处。
准备	3. 着装整齐，洗手。 4. 备物：检查冰袋或冰囊有无破损；将冰块放入脸盆，用水冲去棱角装入冰袋1/2～2/3满，排尽空气，夹紧袋口，检查确认不漏水，擦干后套袋；携用物至床旁。 5. 查对，向患者解释，询问有无其他需求。
用冷	6. 将冰袋或冰囊置于所需部位：高热降温时，冰袋置于前额、头顶部或体表大血管经过处；止血消肿止痛时置于患处。 7. 根据不同目的掌握用冷时间：用于治疗时以不超过30min为宜；用于降温时，30min后再测体温，当体温降至38℃以下，取下冰袋，须延长使用时两次应间隔30～60min，每2h更换冰袋或冰囊一次。
整理	8. 用冷结束，取出冰袋或冰囊，整理好床单位，协助患者取舒适卧位，询问其感受。 9. 洗手。 10. 记录用冷部位、时间、效果、反应等，同时在体温单上记录降温后的体温。 11. 将冰袋或冰囊内的冰水排空、倒挂、晾干，存放于阴凉处备用，毛巾套洗净、消毒后备用。

【注意事项】

1. 注意观察冰袋或冰囊有无漏水，毛巾套打湿后应立即更换；冰块融化后应及时更换，确保降温效果。

2. 注意观察患者局部皮肤，如发现发紫、麻木感等不适，应立即停止使用，以防冻伤。

3. 降温后的测温不宜测量腋下温度，建议测量肛温，保证测温的准确性。

4. 枕后、耳廓、心前区、腹部、阴囊及足底部位禁止用冷。

【案例分析】

小王打篮球时不慎扭伤脚踝，其后发现脚踝疼痛、肿胀，诊断为轻度扭伤。思考：应如何处理？

分析思路：①评估伤情及受伤时间：患者小王的脚踝为急性扭伤，且未超过24h，宜用冷敷促进毛细血管收缩、减轻毛细血管出血、减轻局部肿胀；②每次冷敷不超过30min，如需重复两次冷敷间隔30~60min，以避免冷疗负效应；③48h后可采用热敷，促进淤血消散，减轻血肿。

（二）冰枕或冰帽的使用（use of ice caps or ice pillows）

【目的】 收缩脑部毛细血管，减少组织液渗漏，预防脑水肿；降低脑部温度，降低组织耗氧量，延缓细胞衰亡。

【用物】

治疗车上层：冰枕或冰帽、冰块、盆、水桶、橡胶单及中单、治疗巾、体温计、手消毒液，必要时备凡士林纱布。

治疗车下层：医疗废物垃圾桶、生活垃圾桶。

【操作程序】

评估	1. 患者：中枢性高热或昏迷患者。 2. 环境：用于降温时，适当降低环境温度。
准备	3. 着装整齐，洗手。 4. 备齐用物：检查冰枕、冰帽有无破损；若使用冰帽，将小冰块放入盆后用水冲去棱角，装入冰帽约2/3满，排尽空气，夹紧帽口，擦干；若使用冰枕，可提前将冰枕放入冰箱预冷；携用物至床旁。 5. 查对，向患者解释，询问有无其他需求。 6. 床头垫橡胶单及中单，保护床单，避免潮湿。
用冷	7. 用冷降温：患者头颈部用治疗巾包裹以免冻伤，眼睑不能闭合者用凡士林纱布覆盖保护眼角膜。 （1）冰帽降温：头部置于冰帽中，排水管放水桶内。 （2）冰枕降温：头部置于冰枕中。 8. 每30min测体温一次，保持肛温在33℃；若长期使用，需每2h更换1次冰块，确保降温效果。 9. 用冷时间依患者病情而定，将每次测量的体温结果记录到体温单上。

整理	10. 用冷结束，取下冰帽或冰枕，撤去治疗巾；整理床单位，协助患者取舒适卧位，询问其感受。 11. 洗手。 12. 记录用冷部位、时间、效果、反应等，同时在体温单上记录降温后的体温。 13. 将冰帽或冰枕内的水排空、倒挂、晾干，清洁消毒后备用。

【注意事项】

1. 注意随时观察冰帽或冰枕有无漏水；冰块融化后应及时更换，确保降温效果。

2. 经常观察患者的耳廓与枕部，以防冻伤。

3. 预防脑水肿时需长时间使用冰帽，每2h更换一次冰块，确保降温效果；每30min测体温一次，肛温宜维持在33℃左右，不得低于30℃。

【案例分析】

患者张某，男，40岁，车祸后头部受伤导致深度昏迷，拟行亚低温治疗。思考：该患者是否适合头部降温？如何实施操作？

分析思路：①评估患者病情及头部伤情：患者头部受伤，为减缓脑细胞凋亡，宜使用冰帽在头部冷疗以降低脑细胞新陈代谢速度；②操作中应给患者耳廓和枕部垫干海绵或干毛巾，预防冻伤；③监测肛温，将体温控制在33℃左右为宜，以维持机体细胞基本功能。

（三）温水或乙醇擦浴术（tepid water or alcohol sponge bath）

【目的】 全身用冷，为高热患者降温。

【用物】

治疗车上层：大毛巾、小毛巾、治疗碗（内盛25%～35%乙醇；温水擦浴用脸盆装32～34℃温水）、冰袋及布套、热水袋及布套、干净衣裤、手消毒液。

治疗车下层：医疗废物垃圾桶、生活垃圾桶。

【操作程序】

评估	1. 患者：体温高于39.5℃。 2. 环境：用于降温时，适当降低环境温度，或使患者处于阴凉通风处。
准备	3. 着装整齐，洗手。 4. 备齐用物，携用物至床旁。 5. 查对，向患者解释，询问有无其他需求。 6. 环境准备，屏风或隔帘遮挡患者。
擦浴	7. 协助患者松被，脱衣。 8. 患者头部置冰袋，足底置热水袋。 9. 将大毛巾垫于擦拭部位下，将浸有乙醇或温水的小毛巾拧至半干呈手套式缠于手上，以离心方向轻柔拍拭，两块小毛巾交替使用，最后大毛巾擦干。 10. 擦拭顺序 （1）两上肢：颈外侧→上臂外侧→手背；侧胸→腋窝→上臂内侧→手心。 （2）背腰部。 （3）两下肢：髂骨→下肢外侧→足背；腹股沟→下肢内侧→内踝；臀下→大腿后侧→腘窝→足跟。

| 整理 | 11. 取下热水袋，整理床单位，清理处置用物，洗手。
12. 记录擦浴时间、效果、反应等，同时在体温单上记录降温后的体温。
13. 擦浴后30min，测量体温并记录于体温单上；如体温降至39℃以下，取下头部冰袋。 |

【注意事项】

1. 操作过程中注意保护患者隐私。

2. 腋窝、肘窝、腹股沟和腘窝等有大血管经过的浅表处，应适当延长擦拭时间，以促进散热。

3. 注意观察患者反应，若出现寒战、面色苍白、脉搏或呼吸异常等情况，应立即停止擦浴，及时与医生联系。

4. 禁止擦拭胸前区、腹部、后颈、足底，乙醇擦浴禁用于对乙醇过敏者、血液病患者及婴幼儿。

5. 擦浴时以拍拭（轻拍）方式进行，避免摩擦方式，因摩擦易生热。

【案例分析】

患者，女，31岁，因大叶性肺炎住院治疗，目前体温40.3℃，医嘱予物理降温。思考：护士应如何执行？

分析思路：①评估患者病情：该患者因炎症导致高热，按医嘱要求选择合适的冷疗方式为其降温。根据降温原理，全身用冷效果优于局部用冷，因此选用温水或乙醇擦浴的全身用冷疗法。②为增加降温效果，在擦浴同时应适当降低室温。③擦浴结束后30min测量体温并记录。

（四）降温毯的使用（use of hypothermic blanket）

【目的】 高热患者的单纯降温；重型颅脑损伤患者的亚低温脑保护。

【用物】

治疗车上层：降温毯、中单、纱布。

治疗车下层：医疗废物垃圾桶、生活垃圾桶。

【操作程序】

| 评估 | 1. 患者：年龄、生命体征、意识状态、活动能力及全身皮肤状况等。
2. 环境：适当降低环境温度，保持在25℃为宜。 |

| 准备 | 3. 着装整齐，洗手。
4. 备物（检查降温毯的设备运行状况），携用物至床旁。
5. 查对，向患者解释，询问有无其他需求。
6. 环境准备，屏风或隔帘遮挡患者。 |

降温

7. 检查降温毯主机，向主机内注水，连接主机与温度传感器，连接主机与降温毯。

8. 将降温毯平铺于床面，毯面上覆盖中单。

9. 患者仰卧于降温毯上，使降温毯与患者背部最大限度地接触，于患者头颈部垫一软枕。

10. 置温度传感器于患者腋下，先用纱布擦干腋下汗液，使得传感器与皮肤紧贴。

11. 将人体温度探头置于患者肛内，观察降温效果。

12. 打开电源开关，设置水温和患者的预期体温，预期体温：高热降温时36～37℃、亚低温治疗时33～35℃。

关机

13. 关机，取出温度传感器，断开主机与降温毯、温度传感器的连接。

14. 交代注意事项。

15. 整理用物，清洁消毒温度传感器，洗手。

16. 记录用冷时间、效果、反应等，同时在体温单上记录降温后的体温。

17. 降温毯清洁消毒后备用。

【注意事项】

1. 降温过程中注意主机运行情况，如主机是否缺水、漏水，管道是否通畅等。

2. 在整个降温过程中尽可能保持患者背部最大限度地接触降温毯，以保证降温效果。

3. 昏迷患者注意翻身技巧，保证降温效果，防止压疮。

4. 观察患者体温和调节水温。降温速度不可过快，宜 1～2h 降 1℃，防止患者发生心律失常；根据室温和患者实际体温随时调节，高热降温时，当患者实际体温达 36～37℃，应调高水温至 20℃或停机；亚低温治疗时，当患者体温<32℃可适当调高水温 3～5℃。

5. 观察降温效果及反应，发现患者肢端黏膜发绀、全身寒战等，应立即报告医生并及时处理。

【案例分析】

患者张某，男，40 岁，因车祸导致深度昏迷，中枢性高热，体温在 40.1～41.0℃。思考：该患者是否适合降温毯降温？应如何实施操作？

分析思路：①评估：患者因车祸致神经中枢受损、持续高热，适合使用降温毯降温。②降温毯设定预期体温 36～37℃。③降温过程中严密观察肛温、肢端及黏膜颜色等降温效果及降温反应。

二、热疗术（thermal therapy）

全身或局部用热可通过减缓散热、加快血流、舒张血管、舒缓神经和肌肉痉挛、提高细胞活性等方式达到保暖、促进炎症消散、减轻疼痛等目的。

（一）热水袋使用术（use of hot-water bag）

【目的】 保暖，解除痉挛、缓解疼痛，促进浅表炎症的消散。

【用物】

治疗车上层：热水袋（套布套）、水罐内盛热水、水温计、纱布、手消毒液。

治疗车下层：医疗废物垃圾桶、生活垃圾桶。

【操作程序】

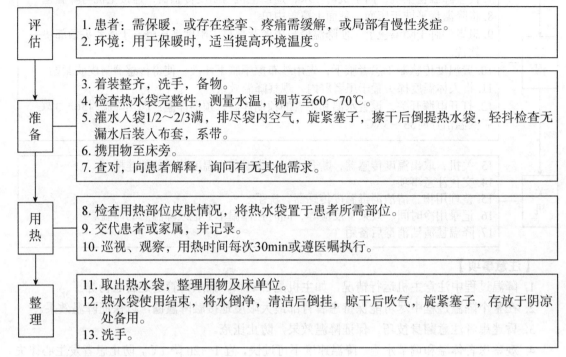

评估	1. 患者：需保暖，或存在痉挛、疼痛需缓解，或局部有慢性炎症。 2. 环境：用于保暖时，适当提高环境温度。
准备	3. 着装整齐，洗手，备物。 4. 检查热水袋完整性，测量水温，调节至60～70℃。 5. 灌水入袋1/2～2/3满，排尽袋内空气，旋紧塞子，擦干后倒提热水袋，轻抖检查无漏水后装入布套，系带。 6. 携用物至床旁。 7. 查对，向患者解释，询问有无其他需求。
用热	8. 检查用热部位皮肤情况，将热水袋置于患者所需部位。 9. 交代患者或家属，并记录。 10. 巡视、观察，用热时间每次30min或遵医嘱执行。
整理	11. 取出热水袋，整理用物及床单位。 12. 热水袋使用结束，将水倒净，清洁后倒挂，晾干后吹气，旋紧塞子，存放于阴凉处备用。 13. 洗手。

【注意事项】

1. 对老年、麻醉未清醒、末梢循环不良、昏迷等患者，热水袋温度应调节在50℃以内，热水袋外包毛巾，不可直接接触皮肤以免烫伤。

2. 在使用热水袋过程中，应定时检查局部皮肤，如发现皮肤潮红或感觉疼痛，应立即停止使用，并在局部涂凡士林，以保护皮肤；如需要持续使用热水袋，当水温降低后应及时更换热水。

3. 软组织损伤或扭伤后，48h内禁止用热敷。

【案例分析】

高中女生莉莉，每次月经来潮时下腹部会剧烈疼痛，经医院检查没有器质性疾病。思考：莉莉的情况适合热疗术吗？应如何实施操作？

分析思路：①评估莉莉的病情，月经期因激素原因导致子宫平滑肌过强收缩、血管痉挛，造成子宫缺血、缺氧状态而出现疼痛。②可以使用热水袋局部热敷缓解痉挛。③使用热水袋前应做好宣教，指导莉莉使用毛巾将热水袋包好，温度以温热舒适为宜，连续使用时间不宜超过30min。

（二）热湿敷术（hot-wet dressing）

【目的】 促进浅表炎症的消散和局限，具有解除痉挛、缓解疼痛的作用。

【用物】

治疗车上层：按医嘱备治疗药物，小盆（内盛药物、敷布2块、敷钳2把）、凡士林、棉签、纱布、棉垫、塑料纸，另备小橡胶单、治疗巾、大毛巾、热水袋、水温计，必要时备热源，手消毒液。

治疗车下层：医疗废物垃圾桶、生活垃圾桶。

【操作程序】

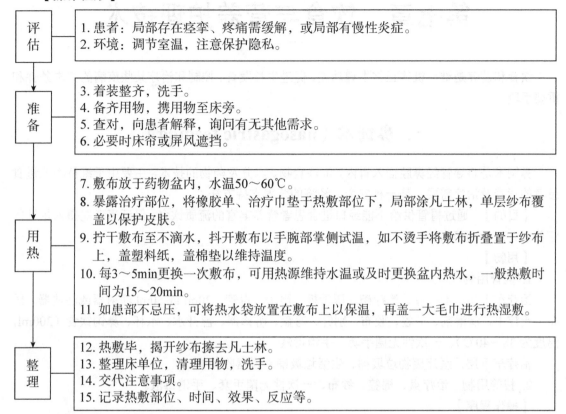

评估	1. 患者：局部存在痉挛、疼痛需缓解，或局部有慢性炎症。 2. 环境：调节室温，注意保护隐私。
准备	3. 着装整齐，洗手。 4. 备齐用物，携用物至床旁。 5. 查对，向患者解释，询问有无其他需求。 6. 必要时床帘或屏风遮挡。
用热	7. 敷布放于药物盆内，水温50～60℃。 8. 暴露治疗部位，将橡胶单、治疗巾垫于热敷部位下，局部涂凡士林，单层纱布覆盖以保护皮肤。 9. 拧干敷布至不滴水，抖开敷布以手腕部掌侧试温，如不烫手将敷布折叠置于纱布上，盖塑料纸，盖棉垫以维持温度。 10. 每3～5min更换一次敷布，可用热源维持水温或及时更换盆内热水，一般热敷时间为15～20min。 11. 如患部不忌压，可将热水袋放置在敷布上以保温，再盖一大毛巾进行热湿敷。
整理	12. 热敷毕，揭开纱布擦去凡士林。 13. 整理床单位，清理用物，洗手。 14. 交代注意事项。 15. 记录热敷部位、时间、效果、反应等。

【注意事项】

1. 注意观察局部皮肤的颜色，防止烫伤。
2. 如对伤口部位做热湿敷，按无菌操作进行；热湿敷结束后，按换药法处理伤口。
3. 面部热湿敷后30min方能外出，以防感冒。

【案例分析】

　　小王打篮球时不慎扭伤脚踝，打完球后发现脚踝疼痛、肿胀，诊断为轻度扭伤。3天之后脚踝仍有疼痛、肿胀。思考：应如何处理？

　　分析思路：①评估患者伤情，急性扭伤后已超过48h，活动性出血已停止。②此时局部淤血及组织液积聚导致局部肿胀，应使用热湿敷促进淤血和积液消散。

第七章　饮食与营养护理技术

饮食和营养是维持机体正常生理功能、促进生长发育、控制和治疗某些疾病的基本条件和重要手段。

一、鼻饲术（nasogastric feeding）

鼻饲术是将导管经鼻腔插入胃内，灌注食物、水分及药物的技术，主要用于维持不能进食患者的营养及治疗需要，是一种安全、经济的营养支持方法。

【目的】　通过胃管供给不能经口进食患者营养丰富的流质饮食，保证患者能摄入足够的营养素、热量和药物等。

【用物】

1. 插管用物

治疗车上层：治疗盘、治疗碗、压舌板、镊子、胃管、20ml 或 50ml 注射器或注洗器、纱布、治疗巾，润滑剂、棉签、胶布、别针、弯盘、听诊器、温开水、水杯、鼻饲饮食（200ml，温度为 38～40℃）、一次性无菌手套、手消毒液。

治疗车下层：医疗废物垃圾桶、生活垃圾桶、锐器收集盒。

2. 拔管用物　治疗盘、棉签、纱布、一次性无菌手套、手消毒液。

【操作程序】

评估	1. 患者：肠道功能正常，但不能经口进食。 2. 环境：宽敞明亮、温湿度适宜，适合操作。
准备	3. 遵医嘱配好鼻饲液。 4. 着装整齐，洗手，戴口罩。 5. 备物，携用物至床旁。 6. 查对，向患者解释，询问有无其他需要。 7. 清醒患者取半坐位或坐位，昏迷者取去枕平卧位，头向后仰，颌下铺治疗巾，用湿棉签检查及清洁鼻腔。 8. 洗手，戴一次性无菌手套。
插管	9. 检查胃管是否通畅。 10. 测量插管长度（成人45～55cm，婴幼儿14～18cm），即从鼻尖到耳垂再到剑突或由前额发际至剑突的距离，再加7～10cm，做好标记，润滑胃管前端。 11. 插管 （1）清醒者：一手持纱布托住胃管，另一手持镊子夹住胃管前端沿一侧鼻孔轻轻插入，到咽喉部时（插入10～15cm）嘱患者低头做吞咽动作，随后迅速将胃管插入。 （2）昏迷者：使患者头后仰，一手持纱布托住胃管插至10～15cm时，另一手将患者头部托起，使下颌靠近胸骨柄，继续插入胃管。 12. 证实胃管在胃内后，用胶布固定于一侧鼻翼及颊部。

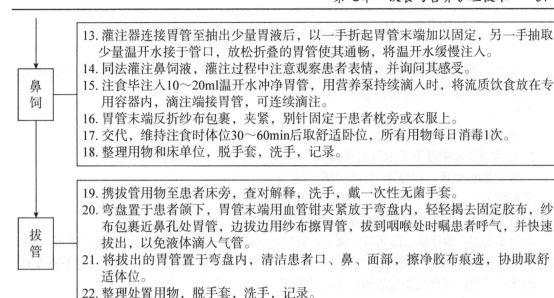

13. 灌注器连接胃管至抽出少量胃液后，以一手折起胃管末端加以固定，另一手抽取少量温开水接于管口，放松折叠的胃管使其通畅，将温开水缓慢注入。

14. 同法灌注鼻饲液，灌注过程中注意观察患者表情，并询问其感受。

鼻饲 15. 注食毕注入10～20ml温开水冲净胃管，用营养泵持续滴入时，将流质饮食放在专用容器内，滴注端接胃管，可连续滴注。

16. 胃管末端反折纱布包裹，夹紧，别针固定于患者枕旁或衣服上。

17. 交代，维持注食时体位30～60min后取舒适卧位，所有用物每日消毒1次。

18. 整理用物和床单位，脱手套，洗手，记录。

19. 携拔管用物至患者床旁，查对解释，洗手，戴一次性无菌手套。

拔管 20. 弯盘置于患者颌下，胃管末端用血管钳夹紧放于弯盘内，轻轻揭去固定胶布，纱布包裹近鼻孔处胃管，边拔边用纱布擦胃管，拔到咽喉处时嘱患者呼气，并快速拔出，以免液体滴入气管。

21. 将拔出的胃管置于弯盘内，清洁患者口、鼻、面部，擦净胶布痕迹，协助取舒适体位。

22. 整理处置用物，脱手套，洗手，记录。

【评分细则】 见本章末尾表7-1。

【注意事项】

1. 插管动作轻稳，通过食管 3 个狭窄处（环状软骨水平处、平气管分叉处、食管通过膈肌处）时须注意，避免损伤食管黏膜。

2. 插管时出现恶心不适时应休息片刻，嘱患者深呼吸，随后再插管；插管不畅时应检查胃管是否盘在口中；插管过程中如发现呛咳、呼吸困难、发绀等情况，提示误入气管应立即拔出，休息片刻后从另一侧鼻孔重插。

3. 每次灌食前应先检查胃管是否在胃内，确认无误方可灌食；每次灌注量不超过 200ml，间隔时间不少于 2h。

4. 鉴别胃管是否在胃内的方法：①胃管末端接注射器抽吸，肉眼观察抽出物外观特点，条件允许时测量 pH，未服用胃酸抑制剂者可将 pH≤4 作为判断胃管在胃内的标准，服用胃酸抑制剂者可将 pH≤6 作为标准；②置听诊器于胃部，用注射器从胃管注入空气，听到气过水声；③当患者呼气时，将胃管末端置于水杯液体中，无气泡逸出。

5. 长期鼻饲者，应每日做口腔护理，胃管每周更换 1 次，晚上拔出，次晨再由另一鼻孔插入。

6. 固体药须碾碎溶解后注入。

【案例分析】

患者，男，56 岁，农民，已婚，因进行性吞咽困难半年入院。患者自诉半年前无明显诱因进食后有梗阻滞停感，无反酸及呕吐，此后进食时梗阻感日渐加重，仅能进食半流质，胃镜检查发现食管中段有新生物，活检病理学检查证实为鳞癌，诊断为：食管中段癌，为进一步治疗收入院。患者入院后在完善各项检查和术前准备后，拟在全麻下行食管中段癌根治术、食管-胃弓上吻合术。现医嘱要求术前留置胃管。思考：应如何操作？

分析思路：①评估患者病情，其为食管中段癌，腔道狭窄，可能存在插管困难；如插管受阻不可强行通过，应将胃管末端插至肿瘤上方，待术中由手术医生放置到位。②缓解患者紧张情绪，增加配合度。③注意轻柔操作。

二、胃肠减压（gastrointestinal decompression）

胃肠减压是利用负压吸引原理，将胃肠道积聚的气体和液体吸出，以降低胃肠道内压力，改善胃肠壁血液循环，促进伤口愈合和胃肠功能恢复的一种治疗方法。

【目的】

1. 减轻腹胀，消除恶心呕吐。

2. 在腹腔手术中便于手术野的暴露。

3. 使胃肠道空虚，减轻压力，促进伤口愈合。

【用物】

胃肠减压器：一次性胃肠减压器或电动吸引器。

治疗车上层：治疗碗、压舌板、镊子、胃管、20ml 或 50ml 注射器或注洗器、纱布、治疗巾，润滑剂、棉签、胶布、别针、弯盘、听诊器、温开水、水杯、一次性无菌手套、手消毒液。

治疗车下层：医疗废物垃圾桶、生活垃圾桶、锐器收集盒。

【操作程序】

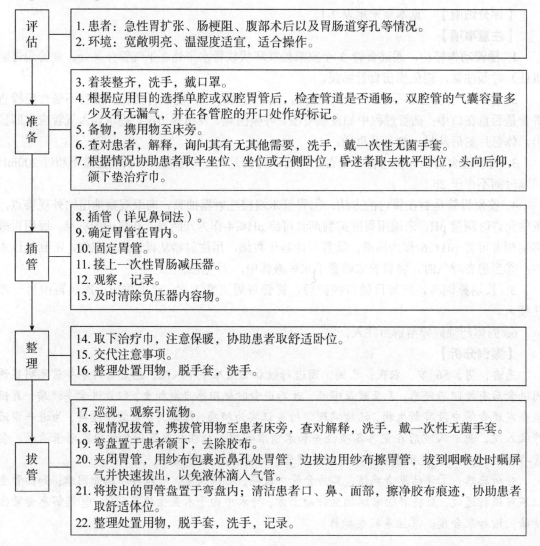

评估	1. 患者：急性胃扩张、肠梗阻、腹部术后以及胃肠道穿孔等情况。 2. 环境：宽敞明亮、温湿度适宜，适合操作。
准备	3. 着装整齐，洗手，戴口罩。 4. 根据应用目的选择单腔或双腔胃管后，检查管道是否通畅，双腔管的气囊容量多少及有无漏气，并在各管腔的开口处作好标记。 5. 备物，携用物至床旁。 6. 查对患者，解释，询问其有无其他需要，洗手，戴一次性无菌手套。 7. 根据情况协助患者取半坐位、坐位或右侧卧位，昏迷者取去枕平卧位，头向后仰，颌下垫治疗巾。
插管	8. 插管（详见鼻饲法）。 9. 确定胃管在胃内。 10. 固定胃管。 11. 接上一次性胃肠减压器。 12. 观察，记录。 13. 及时清除负压器内容物。
整理	14. 取下治疗巾，注意保暖，协助患者取舒适卧位。 15. 交代注意事项。 16. 整理处置用物，脱手套，洗手。
拔管	17. 巡视，观察引流物。 18. 视情况拔管，携拔管用物至患者床旁，查对解释，洗手，戴一次性无菌手套。 19. 弯盘置于患者颌下，去除胶布。 20. 夹闭胃管，用纱布包裹近鼻孔处胃管，边拔边用纱布擦胃管，拔到咽喉处时嘱屏气并快速拔出，以免液体滴入气管。 21. 将拔出的胃管盘置于弯盘内；清洁患者口、鼻、面部，擦净胶布痕迹，协助患者取舒适体位。 22. 整理处置用物，脱手套，洗手，记录。

【注意事项】

1. 新近有上消化道出血史、食管静脉曲张、食管阻塞及极度衰弱患者慎用。

2. 患者进行胃肠减压后，应停止口服（包括药物和饮食）；如必须口服药物时，需将药物碾碎，溶于水后再注入导管，注药后夹闭胃管1～2h。

3. 如系双腔管，待管吞至75cm时，由管内抽出少量液体作酸碱度试验，如为碱性即表示管头端已通过幽门进入肠内，向气囊内注入20～30ml空气，夹闭外口，依靠肠蠕动，管头端即可到达梗阻近端肠曲。当插管深度达到预期位置后，将导管用胶布固定于患者面颊或鼻梁上。

4. 鉴定双腔管管头端是否已通过幽门，亦可用X线透视；或向管内注入少量空气，同时在上腹部听诊，可从音响最大部位估计双腔管头端位置。

5. 经常检查气囊是否完整（向囊内注一定量气体然后抽出，若抽出量过多或过少均提示囊壁已破）、减压器的吸引作用是否良好、导管是否通畅及有无滑脱等。

6. 使用胃肠减压的患者应静脉补液以维持水、电解质平衡。

7. 密切观察病情、引流物的量和性质，并做好记录。

8. 腹部膨胀消除后，将双腔管气囊内空气抽尽，导管与引流装置分离。但双腔管仍留在肠内，直到腹胀无复发可能时，方可将管道取出。拔管时应捏紧导管，嘱患者憋气，迅速拔出，置弯盘内。

9. 胃肠减压患者应加强口腔护理和清洁鼻腔。

【案例分析】

患者，男，75岁，因腹痛、腹胀、肛门停止排气7天，伴恶心呕吐5天，于1日前入院。查体：腹部膨胀，压痛明显，叩诊呈鼓音，肠鸣音消失，左下腹可见肠型。入院诊断为低位性肠梗阻，医嘱要求给予胃肠减压。思考：护士应如何实施？

分析思路：①评估患者病情：患者为低位性肠梗阻，根据医嘱置胃肠管行胃肠减压术。②患者年龄较大，对操作的耐受性和配合度可能会受影响，应做好操作前宣教和安抚，并选择合适型号的胃管，插入深度宜大于55cm，以使侧孔完全浸没在胃肠液中。③严密观察引流物的颜色、性状、量。

评分细则

表 7-1 鼻饲术评分表

姓名：_____ 　　　学号：_____ 　　　成绩：_____

项目	时间	流程	技术要求	分值	扣分
评估准备		着装，洗手，戴口罩	衣帽整齐	2	
		备物	少一件扣 0.5 分	2	
		操作前查对		2	
		评估	环境；患者	2	
		解释，协助取合适体位		4	
		铺治疗巾，清洁鼻腔		4	
插管	时间 6min，超过 10s 扣 0.5 分	检查胃管是否通畅		2	
		测量长度，做好标记	测试点正确	4	
		润滑前端		2	
		插管	正确指导患者	13	
鼻饲		证实胃管在胃内		5	
		固定		2	
		抽吸见胃液，注入少量温开水		3	
		抽吸鼻饲液，缓缓推入	速度，量，温度	10	
		注食完毕后注入温开水		3	
整理		处置好胃管末端		3	
		交代、记录		4	
		撤物，保暖，协助卧位		3	
		用物消毒处理		4	
拔管		携用物至床旁，查对		2	
		颌下置弯盘，夹紧胃管末端放于弯盘		4	
		取下胶布或别针		2	
		拔管	速度控制	6	
		清洁患者口鼻		4	
		协助取舒适卧位		2	
其他		整理用物、记录		2	
		程序	原则步骤颠倒 1 次扣 1 分	2	
		动作	轻、准、稳	2	
总分				100	

操作时间：_____ 　　　监考人：_____

第八章 排泄护理技术

排泄是人体的基本生理需要,当患者不能自主控制排泄或需要对排泄系统进行检查和治疗时,即需要采取一些护理措施加以干预。

一、灌肠术(enema)

灌肠术是指将一定量的溶液通过肛管,由肛门经直肠灌入结肠的技术,以达到帮助患者清洁肠道、排便排气或由肠道给药达到治疗目的。

根据灌肠目的不同,可分为保留灌肠和不保留灌肠;不保留灌肠又分为大量不保留灌肠和小量不保留灌肠。为了达到清洁肠道的目的而反复使用大量不保留灌肠,称为清洁灌肠。

(一)大量不保留灌肠术(large volume non-retention enema)

【目的】

1. 解除便秘和肠内积气。

2. 为肠道手术、诊断性检查或分娩作清洁肠道准备。

3. 为高热作降温用。

【用物】

治疗车上层:医嘱单、消毒灌肠筒(一次性灌肠袋)、灌肠溶液(0.1%～0.2%肥皂水或生理盐水,成人500～1000ml,小儿200～500ml,1岁以下小儿50～100ml,温度39～41℃、降温时28～32℃、中暑时4℃)、肛管、血管钳或调节夹、棉签、水温计、弯盘、液体石蜡、卫生纸、橡胶单、治疗巾、手消毒液,有条件者可备一次性灌肠包(灌肠筒、引流管、肛管、孔巾、肥皂冻、纸巾、一次性无菌手套)。

治疗车下层:医疗废物垃圾桶、生活垃圾桶、便盆。

【操作程序】

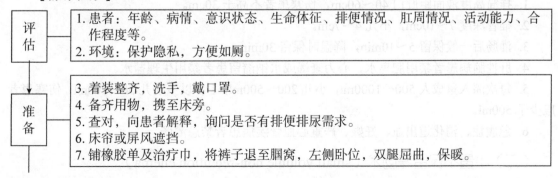

评估	1. 患者:年龄、病情、意识状态、生命体征、排便情况、肛周情况、活动能力、合作程度等。 2. 环境:保护隐私,方便如厕。
准备	3. 着装整齐,洗手,戴口罩。 4. 备齐用物,携至床旁。 5. 查对,向患者解释,询问是否有排便排尿需求。 6. 床帘或屏风遮挡。 7. 铺橡胶单及治疗巾,将裤子退至腘窝,左侧卧位,双腿屈曲,保暖。

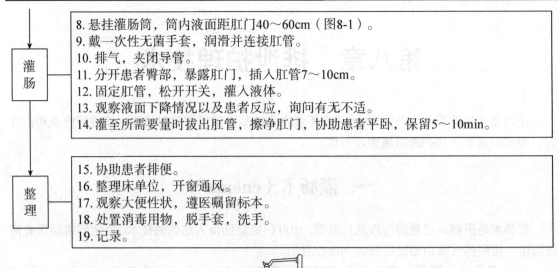

灌肠	8.悬挂灌肠筒，筒内液面距肛门40～60cm（图8-1）。 9.戴一次性无菌手套，润滑并连接肛管。 10.排气，夹闭导管。 11.分开患者臀部，暴露肛门，插入肛管7～10cm。 12.固定肛管，松开开关，灌入液体。 13.观察液面下降情况以及患者反应，询问有无不适。 14.灌至所需要量时拔出肛管，擦净肛门，协助患者平卧，保留5～10min。
整理	15.协助患者排便。 16.整理床单位，开窗通风。 17.观察大便性状，遵医嘱留标本。 18.处置消毒用物，脱手套，洗手。 19.记录。

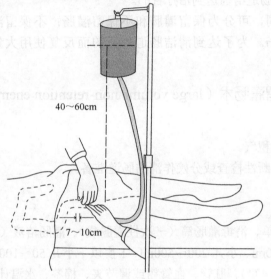

40～60cm

7～10cm

图 8-1 大量不保留灌肠术

【评分细则】 见本章末尾表 8-1。

【注意事项】

1. 挂筒高度液面距肛门 40～60cm，伤寒患者不高于 30cm。

2. 插管深度 7～10cm，小儿 4～7cm。

3. 灌肠后一般保留 5～10min，降温时保留 30min。

4. 肝性脑病患者禁用肥皂水，心力衰竭或水钠潴留患者禁用生理盐水。

5. 每次灌入量成人 500～1000ml，小儿 200～500ml，1 岁以下幼儿 50～100ml，伤寒患者应少于 500ml。

6. 急腹症、消化道出血、妊娠、严重心血管疾病患者禁忌灌肠。

（二）小量不保留灌肠术（small volume non-retention enema）

【目的】 为不适合大量不保留灌肠的患者解除便秘和肠内积气，适用于腹部或盆腔手术后的患者、危重患者、年老体弱者、小儿及孕妇等。

【用物】

治疗车上层：医嘱单、消毒注洗器或小容量灌肠筒、灌肠溶液（"1、2、3"溶液或甘油溶液，120～180ml，38℃）、肛管、温开水5～10ml、血管钳或调节夹、棉签、水温计、弯盘、液体石蜡、卫生纸、橡胶单、治疗巾、手消毒液，有条件者可备一次性灌肠包（灌肠筒、引流管、肛管、孔巾、肥皂冻、纸巾、一次性无菌手套）。

治疗车下层：医疗废物垃圾桶、生活垃圾桶、便盆。

【操作程序】

评估	1. 患者：年龄、病情、意识状态、生命体征、排便情况、肛周情况、活动能力、合作程度等。 2. 环境：保护隐私，方便如厕。
准备	3～7.同大量不保留灌肠。
灌肠	8. 悬挂灌肠筒，筒内液面距肛门约30cm（图8-2），或用注洗器抽吸好灌肠液。 9. 戴一次性无菌手套，润滑并连接肛管。 10. 排气，夹闭导管。 11. 分开患者臀部，暴露肛门，插入肛管7～10cm。 12. 固定肛管，松开开关，灌入液体，或用注洗器缓慢推注液体。 13. 观察液面下降情况以及患者反应，询问有无不适。 14. 灌至所需要量后注入温开水5～10ml。 15. 灌肠毕，拔出肛管，擦净肛门，协助患者平卧，保留10～20min。
整理	16. 其余同大量不保留灌肠。

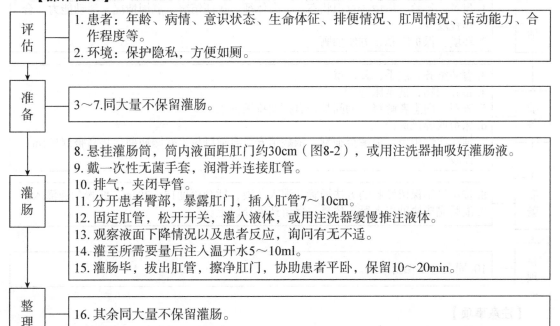

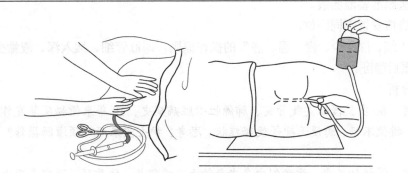

图 8-2 小量不保留灌肠术

【注意事项】

1. 使用灌肠筒灌注时，液面距肛门不超过 30cm，压力宜低。

2. 使用注洗器灌注时，灌注速度宜慢，以免刺激肠黏膜，引起排便反射。

3. 灌肠后尽量保留 10～20min。

4. 灌注前排尽空气，以防引起腹胀；灌注完毕，先反折或夹闭肛管尾段，再取下肛管和注洗器。

（三）保留灌肠术（retention enema）

【目的】 将药液灌入并保留在直肠或结肠内，通过肠黏膜吸收达到镇静、催眠、治疗肠道感染等目的。

【用物】

治疗车上层：医嘱单、肛管、灌肠溶液（≤200ml，38℃）、垫枕、余同小量不保留灌肠。

治疗车下层：医疗废物垃圾桶、生活垃圾桶、便盆。

【操作程序】

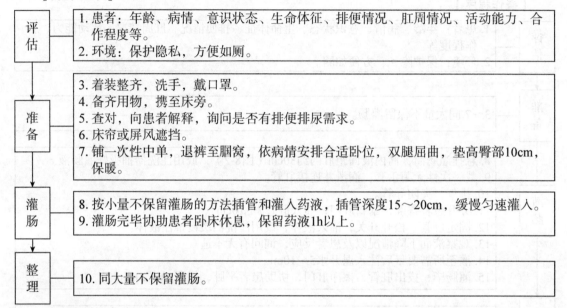

评估	1. 患者：年龄、病情、意识状态、生命体征、排便情况、肛周情况、活动能力、合作程度等。 2. 环境：保护隐私，方便如厕。
准备	3. 着装整齐，洗手，戴口罩。 4. 备齐用物，携至床旁。 5. 查对，向患者解释，询问是否有排便排尿需求。 6. 床帘或屏风遮挡。 7. 铺一次性中单，退裤至腘窝，依病情安排合适卧位，双腿屈曲，垫高臀部10cm，保暖。
灌肠	8. 按小量不保留灌肠的方法插管和灌入药液，插管深度15~20cm，缓慢匀速灌入。 9. 灌肠完毕协助患者卧床休息，保留药液1h以上。
整理	10. 同大量不保留灌肠。

【注意事项】

1. 根据医嘱准备灌肠液。

2. 根据病情安置不同卧位。

3. 掌握"细、深、少、慢、温、静"的操作原则，即肛管细、插入深、液量少、流速慢、温度适宜、灌后静卧。

【案例分析】

患者，男，66岁，慢性支气管炎、肺源性心脏病病史，10年来便秘反复发作，此次入院后出现腹胀、排便不畅、粪便干硬等便秘症状。思考：护士宜采用哪项灌肠操作？操作中应注意什么？

分析思路：①评估患者，该案例中患者年龄大、病程长、体质弱，适宜采用小量不保留灌肠。②执行小量不保留灌肠时，插管深度为7~10cm，筒内液面距肛门约30cm，灌肠速度要慢，每次灌入量不宜超过200ml，灌肠过程中严密观察患者反应。③灌肠液选择，该案例中患者灌肠是为了软化清除粪便、解除便秘，护士可使用肥皂水或温开水，因患者合并左心衰竭，应避免使用生理盐水。④后续护理，指导患者合理饮食、加强活动、腹部按摩，必要时用药物辅助排便。

附：清洁灌肠（cleaning enema）

清洁灌肠是为了彻底清除滞留在结肠中的粪便，为直肠、结肠检查和手术做肠道准备。使用溶液为 0.1%～0.2%肥皂水及生理盐水，实施方法为反复多次的大量不保留灌肠，首次使用肥皂水，以后使用生理盐水，直至排出液澄清透明无粪质。但由于短时间内需要灌肠多次，因此每次灌入液体量不宜过多（约 500ml），压力不宜过大（灌肠筒内液面距肛门的高度差不超过 40cm），以免给患者造成伤害。

二、肛管排气术（flatulence decreasing through the rectal tube）

肛管排气术是指将肛管由肛门插入直肠，以排出肠腔内积气的方法。

【目的】　排出肠道积气，减轻腹胀。

【用物】

治疗车上层：肛管、系带、橡胶管、玻璃接头、胶布、玻璃瓶（内盛 3/4 清水）、棉签、别针、弯盘、液体石蜡、卫生纸、一次性无菌手套、手消毒液。

治疗车下层：医疗废物垃圾桶、生活垃圾桶。

【操作程序】

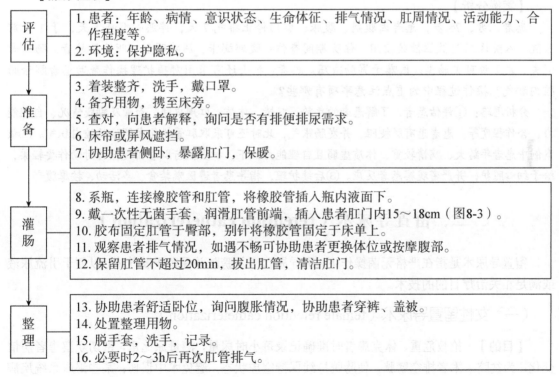

评估	1. 患者：年龄、病情、意识状态、生命体征、排气情况、肛周情况、活动能力、合作程度等。 2. 环境：保护隐私。
准备	3. 着装整齐，洗手，戴口罩。 4. 备齐用物，携至床旁。 5. 查对，向患者解释，询问是否有排便排尿需求。 6. 床帘或屏风遮挡。 7. 协助患者侧卧，暴露肛门，保暖。
灌肠	8. 系瓶，连接橡胶管和肛管，将橡胶管插入瓶内液面下。 9. 戴一次性无菌手套，润滑肛管前端，插入患者肛门内15～18cm（图8-3）。 10. 胶布固定肛管于臀部，别针将橡胶管固定于床单上。 11. 观察患者排气情况，如遇不畅可协助患者更换体位或按摩腹部。 12. 保留肛管不超过20min，拔出肛管，清洁肛门。
整理	13. 协助患者舒适卧位，询问腹胀情况，协助患者穿裤、盖被。 14. 处置整理用物。 15. 脱手套，洗手，记录。 16. 必要时2～3h后再次肛管排气。

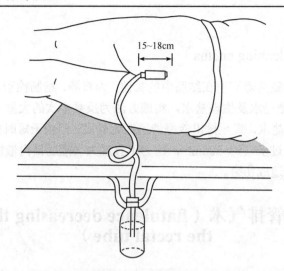

15~18cm

图 8-3　肛管排气术

【评分细则】　见本章末尾表 8-2。

【注意事项】

1. 动作轻柔。

2. 保证橡胶管末端置于液面下。

3. 随时观察排气情况以及管道连接有无脱落。

【案例分析】

患者，男，75 岁，患者因腹痛、腹胀、肛门停止排气 7 天，伴恶心呕吐 5 天，于 1 日前入院。入院诊断为低位性肠梗阻。住院期间查体：腹部膨胀，压痛明显，叩诊呈鼓音，肠鸣音消失，左下腹可见肠型。医嘱予胃肠减压。思考：护士还可采用哪项护理操作帮助患者解除肠腔内积气？操作过程中的重点注意事项有哪些？

分析思路：①评估患者，了解患者的年龄、病情、体质、肛周皮肤、血管及黏膜情况、自理能力、合作程度等。患者患有肠梗阻，并发肠胀气，此时还可采取肛管排气术解除肠腔内积气。②该案例中患者年龄大、病情较重、体质虚弱且自理能力低下，护士执行肛管排气操作时动作要轻柔，给予细心照护，并严密观察患者反应。③后续护理，指导患者遵医嘱禁食、多活动、按摩腹部。

三、留置导尿术（retention catheterization）

留置导尿术是指在严格无菌操作下，用导尿管插入膀胱并保留于膀胱内，以便于引流尿液或满足相关治疗目的的技术。

（一）女性留置导尿术（female retention catheterization）

【目的】　抢救危重、休克患者时准确记录每小时尿量，测量尿比重，密切观察患者病情变化；为盆腔手术者排空膀胱，使膀胱持续保持空虚状态，避免术中误伤；某些泌尿系统疾病术后留置导尿管，便于引流和冲洗；为不能或不宜自行排尿者引流尿液，保持会阴部清洁干燥；为尿失禁患者行膀胱功能训练。

【用物】

治疗车上层：医嘱单、治疗盘、弯盘、一次性导尿包、手消毒液、一次性垫巾或橡胶单及治疗巾一套、浴巾。一次性导尿包：包括初步消毒、再次消毒和导尿用物。①初步消毒用物：小方盘、消毒液棉球、镊子、纱布、一次性无菌手套。②再次消毒及导尿用物：弯盘、导尿管、消毒液棉球、镊子、自带无菌液体的10ml注射器、润滑油棉球、标本瓶、纱布、集尿袋、方盘、孔巾、一次性无菌手套。

治疗车下层：医疗废物垃圾桶、生活垃圾桶、便盆。

【操作程序】

评估	1. 患者：年龄、病情、意识状态、生命体征、排尿情况、活动能力、合作程度等。 2. 环境：保护隐私，方便如厕。
准备	3. 着装整齐，洗手，戴口罩。 4. 备齐用物，携至床旁。 5. 查对，向患者解释，询问是否有排便排尿需要。 6. 嘱咐或帮助患者清洗外阴。 7. 床帘或屏风遮挡。 8. 患者仰卧屈膝，两腿分开，脱对侧裤腿盖于近侧腿上，视环境温度为其加盖浴巾，被褥盖对侧腿。 9. 患者臀下垫一次性垫巾或橡胶单及治疗巾。
消毒外阴	10. 洗手，查对，在患者两腿间打开一次性导尿包，取出初步消毒用物，置小方盘于其两腿之间。 11. 取出消毒液棉球，操作者左手戴一次性无菌手套。 12. 初步消毒：右手持镊子夹取消毒液棉球按自上而下、由外向内顺序依次消毒，阴阜→大阴唇外侧→大小阴唇之间→左手分开小阴唇并固定→小阴唇内侧→阴蒂、尿道口→换钳→尿道口→尿道口、阴道口、肛门，污棉球、污染镊子置于小方盘内，一个棉球只用1次。 13. 消毒毕将小方盘移至床尾处，脱去左手手套，撤去初步消毒用物。
导尿	14. 洗手，查对，在患者两腿之间打开导尿包。 15. 戴一次性无菌手套。 16. 铺孔巾，使孔巾与导尿包包布相接，形成一无菌区域。 17. 弯盘内盛消毒液棉球置于孔巾口处。 18. 检查导尿管气囊并润滑导尿管前段，检查并连接集尿袋。 19. 再次消毒：分开并固定小阴唇，夹取消毒液棉球消毒尿道口、两侧小阴唇、尿道口。 20. 插导尿管：嘱患者张口呼吸，导尿管头端轻轻插入尿道4～6cm，见尿液流出再插入7～10cm（图8-4）。 21. 一手固定导尿管，另一手持注射器往气囊内注入无菌溶液5～10ml，轻拉导尿管以确认气囊在膀胱内，夹闭导尿管。 22. 需要时，根据医嘱留取尿标本。 23. 妥善固定导尿管和集尿袋，打开导尿管开关。 24. 撤除用物。 25. 将写有置管日期的标识贴于导尿管。 26. 穿裤，盖被，交代注意事项。 27. 整理处置用物，脱手套，洗手，记录。

| 拔管 | 28. 携用物至床旁，查对，解释。
29. 洗手，戴手套。
30. 注射器抽净气囊内液体，拔出导尿管，消毒尿道口。
31. 整理处置用物，脱手套，洗手。 |

【评分细则】 见本章末尾表 8-3。

【注意事项】

1. 向患者做好解释工作，注意保护隐私。

2. 严格无菌操作。

3. 消毒时动作轻柔，夹钳的弧面朝向会阴，避免划痛患者。

4. 加强留置导尿管的护理，避免尿路感染。

5. 气囊导尿管固定时不能过度牵拉，以防膨胀的气囊卡在尿道内口，压迫膀胱壁或尿道，损伤黏膜组织。

6. 为女性患者进行一次性导尿时，导尿管插入深度为成人 4～6cm，见尿后再进 1～2cm，导尿结束后立即拔出导尿管。

【案例分析】

患者，女，24 岁，7h 前经会阴侧切术后顺产一女婴，至今未排尿。患者主诉腹胀。查体：生命体征正常，脸部痛苦表情，下腹部膨隆，叩诊呈实音。护士评估患者出现了产后尿潴留。思考：护士宜采取哪项护理操作？实施操作过程中的重点注意事项有哪些？

分析思路：①评估患者，患者为产后尿潴留，此时宜采用导尿术为患者排空膀胱。②执行导尿术时，可先行诱导排尿、适当按摩、温热水冲洗会阴等方法促使排尿，如无效，再采用导尿术。患者会阴有伤口，插导尿管时应注意无菌操作、动作轻柔。在膀胱高度膨胀的情况下，第一次放尿不能超过 1000ml。导尿结束后应及时督促患者自行排尿。③后续管理：指导患者保证充足的每日饮水量、床上活动、下腹部热敷、适当按摩、定时排尿。

（二）男性留置导尿术（male retention catheterization）

【目的】 同女性留置导尿术。

【用物】 同女性留置导尿术。

【操作程序】

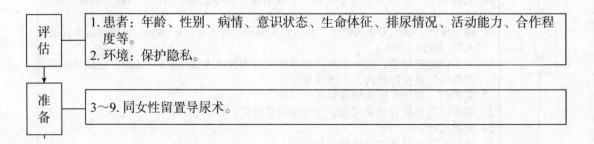

| 评估 | 1. 患者：年龄、性别、病情、意识状态、生命体征、排尿情况、活动能力、合作程度等。
2. 环境：保护隐私。 |
| 准备 | 3～9. 同女性留置导尿术。 |

消毒外阴	10. 在患者两腿间打开一次性导尿包，取出初步消毒用物，置弯盘于其两腿之间。 11. 取出消毒液棉球，操作者左手戴一次性无菌手套。 12. 夹取消毒液棉球按自上而下、由外向内顺序依次消毒，阴阜→阴茎背侧→阴茎两侧→纱布裹住阴茎略提起、后推包皮、暴露尿道口→阴茎腹侧→阴囊→尿道口、龟头、冠状沟，污棉球、污染镊子置于小方盘内。 13. 消毒毕将弯盘移至床尾处，脱去左手手套，撤去初步消毒用物。
导尿	14~18. 同女性留置导尿术。 19. 再次消毒：纱布包住阴茎将包皮后推，暴露尿道口，再次消毒尿道口、龟头及冠状沟。 20. 插导尿管：提起阴茎使之与腹壁呈60°，嘱患者张口呼吸，导尿管头端轻轻插入尿道18~22cm，见尿液流出后再插入7~10cm（图8-4）。 21~27. 同女性留置导尿术。
拔管	28. 同女性留置导尿术。

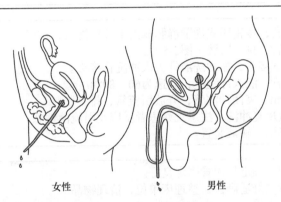

女性　　男性

图 8-4　男、女性留置导尿术

【评分细则】　见本章末尾表 8-4。

【注意事项】

1. 同女性留置导尿术。

2. 男性尿道较长且有两个弯曲三个狭窄，其中两个弯曲是指耻骨下弯、耻骨前弯，三个狭窄是指尿道内口、膜部、尿道外口。护士插管时要注意动作轻柔，避免用力过猛或暴力操作，以免造成尿道黏膜的损伤。另外，在进行导尿时要严格按照无菌操作进行，避免由于留置导尿管造成男性患者的尿路感染，在导尿时要选择型号适当的导尿管进行导尿操作。

3. 为男性患者进行一次性导尿时，导尿管插入深度成人为18~22cm，见尿后再进1~2cm，导尿结束后立即拔出导尿管。

四、膀胱冲洗术（bladder irrigation）

膀胱冲洗是利用导尿管，将溶液灌注入膀胱，再利用虹吸原理将灌注液引流出来的方法。

【目的】

1. 保持留置导尿管的尿液引流通畅。

2. 清除膀胱内的血凝块、黏液、细菌等异物。

3. 灌入药物进行治疗。

【用物】

治疗车上层：医嘱单、治疗盘、弯盘、手消毒液、无菌手套、输液装置一套、冲洗液（常用：生理盐水、0.02%呋喃西林溶液、3%硼酸液、氯己定溶液、0.1%新霉素溶液）。

治疗车下层：医疗废物垃圾桶、生活垃圾桶。

【操作程序】

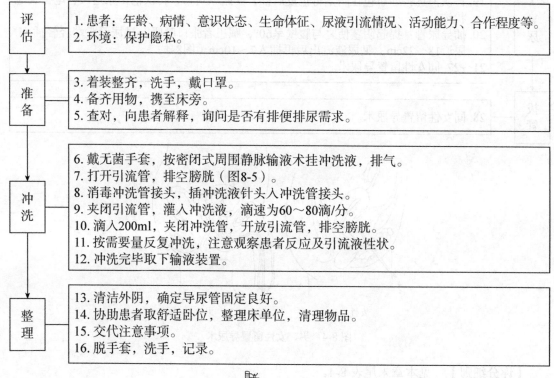

评估	1. 患者：年龄、病情、意识状态、生命体征、尿液引流情况、活动能力、合作程度等。 2. 环境：保护隐私。
准备	3. 着装整齐，洗手，戴口罩。 4. 备齐用物，携至床旁。 5. 查对，向患者解释，询问是否有排便排尿需求。
冲洗	6. 戴无菌手套，按密闭式周围静脉输液术挂冲洗液，排气。 7. 打开引流管，排空膀胱（图8-5）。 8. 消毒冲洗管接头，插冲洗液针头入冲洗管接头。 9. 夹闭引流管，灌入冲洗液，滴速为60～80滴/分。 10. 滴入200ml，夹闭冲洗管，开放引流管，排空膀胱。 11. 按需要量反复冲洗，注意观察患者反应及引流液性状。 12. 冲洗完毕取下输液装置。
整理	13. 清洁外阴，确定导尿管固定良好。 14. 协助患者取舒适卧位，整理床单位，清理物品。 15. 交代注意事项。 16. 脱手套，洗手，记录。

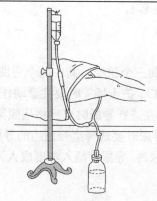

图 8-5　膀胱冲洗术

【注意事项】

1. 严格无菌操作。

2. 每次冲洗速度不宜过快，量不宜过多。

3. 密切观察患者反应及引流液性状。

评分细则

表 8-1 大量不保留灌肠术评分表

姓名: _____   学号: _____   成绩: _____

项目	时间	流程	技术要求	分值	扣分
评估准备		评估		2	
		着装, 洗手, 戴口罩	衣帽整齐	2	
		备物	少一件扣 0.5 分	6	
		操作前查对		6	
		解释, 排尿, 遮挡		6	
		铺单, 退裤, 体位, 保暖		2	
灌肠	时间 4min, 超过 10s 扣 0.5 分	竖架, 挂筒	高度合适	4	
		润滑		4	
		连接肛管		4	
		排气, 夹闭导管		4	
		暴露肛门		4	
		插管 7～10cm		8	
		固定, 松夹		4	
		放液, 观察, 询问	速度、量的控制	4	
		拔管		4	
		擦净肛门		4	
		平卧 5～10min		4	
整理		协助患者排便		2	
		协助患者穿裤, 盖被		2	
		整理床单位		2	
		开窗通风		2	
		观察大便性状		2	
		遵医嘱留标本		2	
		处置消毒用物, 脱手套, 洗手		2	
		记录		2	
其他		程序	关键步骤颠倒 1 次扣 1 分	4	
		动作	轻、准、稳	4	
		机动		4	
总分				100	

操作时间: _____   监考人: _____

表 8-2 肛管排气术评分表

姓名：_____　　　　　　学号：_____　　　　　　成绩：_____

项目	时间	流程	技术要求	分值	扣分
评估准备		评估		4	
		着装，洗手，戴口罩	衣帽整齐	4	
		备物	少一件扣 0.5 分	6	
		操作前查对		6	
		解释，环境准备		6	
		退裤，体位，保暖		6	
排气	时间 3min，超过 10s 扣 0.5 分	系瓶，接管	管道放置位置正确	4	
		润滑		4	
		暴露肛门		4	
		插管 15～18cm		8	
		固定		4	
		观察		4	
		拔管		4	
		擦净肛门		4	
整理		协助患者舒适卧位		4	
		询问腹胀情况		4	
		协助患者穿裤、盖被		4	
		整理床单位		4	
		洗手		2	
		记录		2	
其他		程序	关键步骤颠倒 1 次扣 1 分	4	
		动作	轻、准、稳	4	
		机动		4	
总分				100	

操作时间：_____　　　　　　　　　　监考人：_____

表 8-3 女性留置导尿术评分表

姓名：_____ 　　　学号：_____ 　　　成绩：_____

项目	时间	流程	技术要求	分值	扣分
评估准备		评估		2	
		仪表	衣帽整齐	2	
		备物	少一件扣0.5分	2	
		操作前查对		2	
		解释，嘱患者清洗会阴		2	
		退裤，体位，铺单，保暖	保护隐私	2	
消毒		洗手，查对，打开一次性导尿包		2	
		置小方盘于其两腿之间		2	
		取出消毒液棉球		2	
		左手戴一次性无菌手套		2	
		初步消毒	自上而下	2	
			由外而内	2	
			无遗漏、无污染	2	
			一个棉球只用一次	2	
		撤初步消毒用物		2	
导尿	时间12min，超过10s扣0.5分	洗手，查对，打开内层导尿包		2	
		双手戴一次性无菌手套		6	
		整理用物、置弯盘		6	
		铺孔巾	无菌区域完整	2	
		检查导尿管、集尿袋并连接		2	
		润管		2	
		再次消毒	固定小阴唇，消毒尿道口	4	
		插管	长度正确	4	
		气囊注液	注液量正确	2	
		留标本，夹管		2	
		固定		4	
		放尿，整理，洗手，记录	高度膨胀第一次放尿量	8	
拔管		查对，解释，洗手，夹管，抽尽气囊内液体		8	
		拔管，消毒阴道口		4	
		撤除用物		2	
		询问，整理患者，处置用物，洗手		4	
其他		污染	污染1次扣2分	2	
		动作	轻、准、稳	2	
		程序	关键步骤颠倒1次扣1分	2	
		机动		2	
		总分		100	

操作时间：_____ 　　　监考人：_____

表8-4 男性留置导尿术评分表

姓名：_____　　　　　学号：_____　　　　　成绩：_____

项目	时间	流程	技术要求	分值	扣分
评估准备		仪表	衣帽整齐	2	
		备物	少一件扣0.5分	2	
		操作前查对		2	
		解释，嘱患者清洗会阴		2	
		退裤，体位，铺单，保暖	保护隐私	2	
消毒		洗手，查对，打开消毒包		6	
		置小方盘于其两腿之间		2	
		取出消毒液棉球		2	
		左手戴一次性无菌手套		2	
		初步消毒	消毒阴阜、大腿内侧、阴茎、阴囊；后推包皮，消毒尿道口、龟头、冠状沟；无遗漏、无污染	8	
		撤初步消毒用物		2	
导尿	时间12min，超过10s扣0.5分	洗手，查对，打开内层导尿包		4	
		双手戴一次性无菌手套		6	
		整理用物、置弯盘		6	
		铺孔巾	无菌区域完整	2	
		检查导尿管、集尿袋并连接		4	
		润管		2	
		再次消毒	消毒尿道口、龟头、冠状沟	4	
		插管	阴茎提起与腹壁呈60°	4	
		气囊注液	注液量正确	2	
		留标本，夹管		2	
		固定		4	
		放尿	高度膨胀第一次放尿量	2	
拔管		夹管，抽尽气囊内液体		2	
		拔管，消毒尿道口		4	
		撤除用物		2	
		询问整理患者，处置用物，洗手		4	
其他		污染	污染1次扣2分	6	
		动作	轻、准、稳	2	
		程序	关键步骤颠倒1次扣1分	4	
		机动		2	
总分				100	

操作时间：_____　　　　　监考人：_____

第九章 给药护理技术

护士是各种药物治疗的实施者，也是用药过程的监护者。护士应该熟练掌握正确的给药技术，准确评估患者用药后的疗效与反应，以确保患者安全接受合理的药物治疗，并力求使药物治疗效果达到最佳状态。

一、口服给药（oral administration）

【目的】 通过胃肠道途径实施给药，并指导服用方法，及时观察药物作用。

【用物】

治疗车上层：服药车（盘、杯）、医嘱或服药本（单）、药匙、量杯、滴管、小毛巾或纸巾、研钵、治疗巾、水壶（内盛温开水）、饮水管（必要时）。

治疗车下层：医疗废物垃圾桶、生活垃圾桶。

【操作程序】

评估	1. 患者的年龄、性别、病情、治疗情况、意识状态、活动能力等。 2. 患者的吞咽能力，有无口腔、食管疾病，有无恶心、呕吐情况。 3. 患者是否配合服药及遵医行为。 4. 患者对药物相关知识的了解程度。
准备	5. 着装整齐，洗手，戴口罩。 6. 按医嘱查对摆药：药匙取固体药，必要时研碎、量杯量取水剂，不足1ml的用滴管吸取；携至床旁。
给药	7. 查对药物及患者。 8. 按规定时间查对发药。 9. 告知患者药名、剂量及用法，进行用药指导。 10. 服药到口。
服药后	11. 查对并签名。 12. 整理处置用物，洗手。 13. 观察服药效果及不良反应。

【评分细则】 见本章末尾表 9-1。

【注意事项】

1. 严格查对制度。

2. 增加或停用药物时应及时告知患者，患者提出疑问时及时核对。

3. 婴幼儿、鼻饲或胃造口患者服用片剂药物时须研碎。

4. 同一患者的药物一次性取离药车，不同患者的药物不可同时取离药车。

5. 看到患者服药后方可离开。

6. 患者不在病房或因故不能服药时，暂不发药，做好交班。

7. 始终保持药车在视线范围内。

8. 根据不同药物的性质进行用药指导，以提高疗效，减少副作用。

（1）服药时机指导：健胃及增进食欲药物宜饭前服；助消化药及对胃黏膜有刺激药物宜饭后服；催眠药在睡前服；驱虫药宜空腹或半空腹服用；降糖药在餐前 30min 服用，应准时进餐以免发生低血糖反应。

（2）对呼吸道黏膜起安抚作用的药物如止咳糖浆，服后不宜立即饮水；若同时服用多种药物，应最后服用止咳糖浆。

（3）抗生素及磺胺类药应准时服用，以保证有效的血药浓度。

（4）磺胺类药物和解热镇痛药服后宜多饮水，以免因尿少析出结晶，导致肾小管堵塞；解热镇痛药有降温作用，多饮水可增强药物疗效。

（5）服强心苷类药物前应先测心率及心律，心率低于 60 次/分或心律失常时，不可服用。

（6）对牙齿有腐蚀作用或使牙齿染色的药物如酸类或铁剂，可用饮水管吸入，避免与牙齿直接接触，服后漱口。

（7）须吞服的药物通常用 40～60℃温开水送服，不宜用茶水送服。

（8）缓释剂、肠溶片、胶囊吞服时不可嚼碎，舌下含片置于舌下或两颊黏膜与牙齿之间溶化。

（9）观察用药反应，及时报告处理。

【案例分析】

患者，女，38 岁，因淋雨后出现头痛、咽痛、打喷嚏、鼻塞、乏力、流鼻涕、发热（体温 38.2℃）、咳嗽、咳痰等症状 2 天，门诊检查血常规：白细胞 $12×10^9$/L，红细胞 $2.8×10^{12}$/L，血红蛋白 95g/L，血小板 $239×10^9$/L；X 线检查肺纹理增多、增粗。诊断为急性支气管炎、贫血。医嘱予头孢拉定一次 0.5g，4 次/日；盐酸氨溴索（沐舒坦）片一次 30mg，3 次/日；复方甘草合剂一次 10ml，3 次/日；复方硫酸亚铁片一次 4 片，3 次/日；维生素 C 片一次 0.1g，3 次/日。思考：护士如何为该患者进行口服给药操作？

分析思路：①评估患者年龄、性别、病情及病程、活动情况、营养状况、饮食情况、配合程度、药物过敏情况、用药所需指导、心理状况等。②药物作用、性质、毒性、不良反应、使用注意事项。沐舒坦为祛痰药，一般在饭前口服。铁剂则在饭后服，以减少对胃肠黏膜的刺激。但要注意铁剂不要与牛奶、茶水同服，因牛奶含磷较高，茶水含鞣酸，会影响铁的吸收。为促进铁吸收利用，可同时口服维生素 C。口服铁剂期间，大便可能发黑，是正常现象，无须惊慌而停药。复方甘草合剂对呼吸道黏膜起安抚作用，服后不宜立即饮水；同时服用多种药物时，应最后服用复方甘草合剂。

二、各种注射（injection）

（一）皮内注射（intradermal injection，ID）

【目的】　用于药物过敏试验和诊断性皮肤试验、预防接种和局部麻醉的先驱步骤。

【用物】

治疗车上层：标准注射盘（无菌持物钳、消毒剂、无菌纱布及罐、消毒棉签、0.1%盐酸肾上腺素、笔、砂轮、弯盘）、1ml注射器（4.5～5号针头）、药物（按医嘱备）、治疗本（或医嘱本）、手消毒液。

治疗车下层：医疗废物垃圾桶、生活垃圾桶、锐器收集盒。

【操作程序】 以药物过敏试验为例。

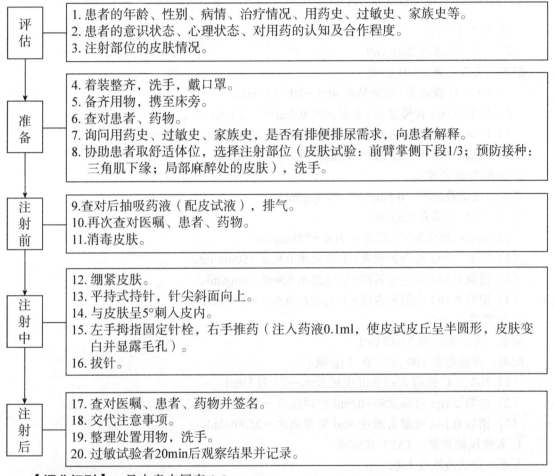

评估	1.患者的年龄、性别、病情、治疗情况、用药史、过敏史、家族史等。 2.患者的意识状态、心理状态、对用药的认知及合作程度。 3.注射部位的皮肤情况。
准备	4.着装整齐，洗手，戴口罩。 5.备齐用物，携至床旁。 6.查对患者、药物。 7.询问用药史、过敏史、家族史，是否有排便排尿需求，向患者解释。 8.协助患者取舒适体位，选择注射部位（皮肤试验：前臂掌侧下段1/3；预防接种：三角肌下缘；局部麻醉处的皮肤），洗手。
注射前	9.查对后抽吸药液（配皮试液），排气。 10.再次查对医嘱、患者、药物。 11.消毒皮肤。
注射中	12.绷紧皮肤。 13.平持式持针，针尖斜面向上。 14.与皮肤呈5°刺入皮内。 15.左手拇指固定针栓，右手推药（注入药液0.1ml，使皮试皮丘呈半圆形，皮肤变白并显露毛孔）。 16.拔针。
注射后	17.查对医嘱、患者、药物并签名。 18.交代注意事项。 19.整理处置用物，洗手。 20.过敏试验者20min后观察结果并记录。

【评分细则】 见本章末尾表9-2。

【注意事项】

1. 严格无菌操作及查对制度。

2. 过敏试验者详细询问用药史、过敏史、家族史和食物过敏情况。对皮试药物过敏者，禁止皮试。

3. 做皮试者忌用有色消毒剂，对乙醇过敏者可改用其他无色消毒剂。

4. 切勿按揉皮丘。

5. 若对皮试结果有怀疑，可在另一侧前臂作生理盐水对照试验。

【案例分析】

患者，女，38岁，因淋雨后出现头痛、咽痛、打喷嚏、鼻塞、乏力、流鼻涕、发热（体温38.2℃）、咳嗽、咳痰等症状2天，门诊检查血常规：白细胞$12×10^9$/L，红细胞$2.8×10^{12}$/L，血小板 239×10^9/L；X 线检查肺纹理增多、增粗。诊断为急性支气管炎。医嘱予青霉素 160 万 U im Bid。思考：护士应如何为该患者实施青霉素过敏试验？

分析思路：①评估患者年龄、性别、病情及病程、配合程度、药物过敏情况、用药所需指导、心理状况等。②确定过敏试验适合的注射部位。③正确实施皮内注射的操作程序和注意事项。④及时识别过敏反应，做好过敏反应的预防和抢救准备。

附：各种皮试液的配制方法

1. 青霉素皮试液

要求：皮试液浓度 200U/ml

配制：设青霉素 80 万 U/瓶

（1）80 万 U 青霉素+生理盐水 4ml→20 万 U/ml。

（2）抽取 0.1ml 青霉素液+生理盐水 0.9ml→2 万 U/ml。

（3）留取 0.1ml 青霉素液+生理盐水 0.9ml→2000U/ml。

（4）留取 0.1ml 青霉素液+生理盐水 0.9ml→200U/ml。

2. 头孢菌素皮试液

要求：皮试液浓度：0.5mg/ml（500μg/ml）

配制：设头孢菌素 0.5g/瓶

（1）0.5g 头孢菌素+生理盐水 2ml→250mg/ml。

（2）抽取 0.2ml 头孢菌素液+生理盐水 0.8ml→50mg/ml。

（3）留取 0.1ml 头孢菌素液+生理盐水 0.9ml→5mg/ml。

（4）留取 0.1ml 头孢菌素液+生理盐水 0.9ml→0.5mg/ml。

3. 链霉素皮试液

要求：皮试液浓度 2500U/ml

配制：设链霉素 100 万 U/瓶（1g/瓶）

（1）100 万 U 链霉素+3.5ml 生理盐水→25 万 U/ml。

（2）抽取 0.1ml 链霉素液+0.9ml 生理盐水→2.5 万 U/ml。

（3）留取 0.1ml 链霉素液+0.9ml 生理盐水→2500U/ml。

4. 破伤风抗毒素（TAT）皮试液

要求：皮试液浓度 150U/ml

配制：设 TAT 为 1500U/ml

抽取 0.1ml TAT+0.9ml 生理盐水→150U/ml。

5.普鲁卡因皮试液

要求：皮试液浓度 2.5mg/ml

配制：

（1）设 0.25%普鲁卡因 2ml/支（2.5mg/ml）：抽取 0.1ml（0.25mg）普鲁卡因液做皮内注射。

（2）设 1%普鲁卡因 2ml/支：抽取 0.25ml（2.5mg）普鲁卡因液+0.75ml 生理盐水→2.5mg/ml。

（3）设 2%普鲁卡因 2ml/支：抽取 0.25ml（5mg）普鲁卡因液+0.75ml 生理盐水→5mg/ml，留取 0.5ml（2.5mg）普鲁卡因液+0.5ml 生理盐水→2.5mg/ml。

6. 碘过敏试验

要求：30%泛影葡胺 0.1ml

配制：设 30%泛影葡胺 1ml/支，抽取 0.1ml 作皮内注射

（二）皮下注射（subcutaneous injection，H）

【目的】　通过皮下注射药物，多用于预防接种、局部麻醉和胰岛素治疗等。

【用物】

治疗车上层：一次性无菌手套、注射盘（无菌持物钳、消毒剂、无菌纱布及罐、消毒棉签、0.1%盐酸肾上腺素、笔、砂轮、弯盘）、1～2ml 注射器（5.5～6 号针头）、药物（按医嘱备）、治疗本（或医嘱本）、手消毒液。

治疗车下层：医疗废物垃圾桶、生活垃圾桶、锐器收集盒。

【操作程序】

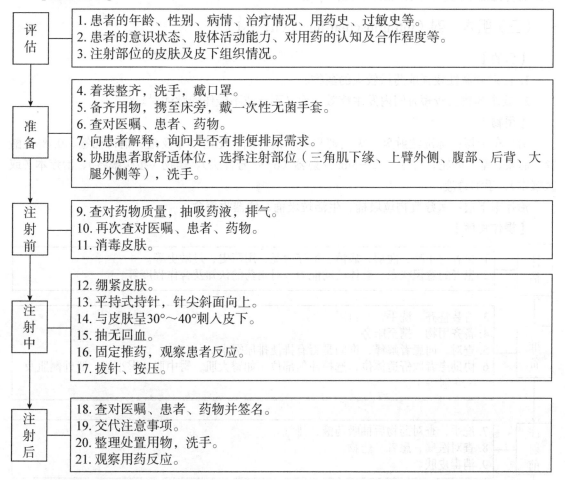

评估	1. 患者的年龄、性别、病情、治疗情况、用药史、过敏史等。 2. 患者的意识状态、肢体活动能力、对用药的认知及合作程度等。 3. 注射部位的皮肤及皮下组织情况。
准备	4. 着装整齐，洗手，戴口罩。 5. 备齐用物，携至床旁，戴一次性无菌手套。 6. 查对医嘱、患者、药物。 7. 向患者解释，询问是否有排便排尿需求。 8. 协助患者取舒适体位，选择注射部位（三角肌下缘、上臂外侧、腹部、后背、大腿外侧等），洗手。
注射前	9. 查对药物质量，抽吸药液，排气。 10. 再次查对医嘱、患者、药物。 11. 消毒皮肤。
注射中	12. 绷紧皮肤。 13. 平持式持针，针尖斜面向上。 14. 与皮肤呈30°～40°刺入皮下。 15. 抽无回血。 16. 固定推药，观察患者反应。 17. 拔针、按压。
注射后	18. 查对医嘱、患者、药物并签名。 19. 交代注意事项。 20. 整理处置用物，洗手。 21. 观察用药反应。

【评分细则】　见本章末尾表 9-3。

【注意事项】

1. 三角肌下缘注射时针尖应稍向外侧，免伤神经。

2. 刺激性强的药物不宜皮下注射。

3. 长期注射者，应有计划地更换注射部位。

4. 无回血方可注射药物；若有回血，需拔针更换针头、药液和注射部位后再重新注射。

5. 注意无痛注射："两快一慢"。

6. 肝素皮下注射时不宜按揉，以免引起出血和瘀斑。

7. 给皮下组织较薄的患者注射时，可将绷紧皮肤的手法改为捏起皮肤和皮下组织，以方便进针，注意不要捏起肌肉组织。

【案例分析】

患者李某，男，54 岁，患 1 型糖尿病，需长期皮下注射普通胰岛素。思考：护士应如何为该患者实施皮下注射？

分析思路：①评估患者年龄、性别、病情及病程、配合程度、用药所需指导、心理状况等。②确定皮下注射适合的注射部位。该患者需长期进行皮下注射，应有计划地定期更换注射部位。③正确实施皮下注射的操作程序和注意事项。

（三）肌内注射（intramuscular injection，IM）

【目的】

1. 注射刺激性较强或药量较大的药物。

2. 要求药物在较短时间内发生疗效，而又不宜或不能作静脉注射。

【用物】

治疗车上层：标准注射盘（无菌持物钳、消毒剂、无菌纱布及罐、消毒棉签、0.1%盐酸肾上腺素、笔、砂轮、弯盘）、2～5ml 注射器（6～7 号针头）、药物（按医嘱备）、治疗本（或医嘱本）、手消毒液。

治疗车下层：医疗废物垃圾桶、生活垃圾桶、锐器收集盒。

【操作程序】

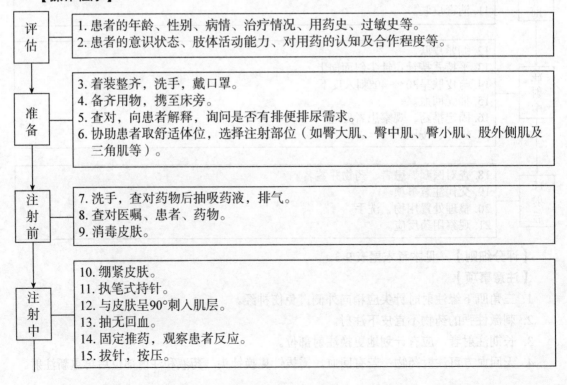

|注射后| 16. 查对医嘱、患者、药物并签名。
17. 交代注意事项。
18. 整理处置用物，洗手。
19. 观察用药反应。|

【评分细则】 见本章末尾表9-4。

【注意事项】

1. 严格遵守无菌技术及查对制度。

2. 勿在发炎、瘢痕、硬结及患皮肤病的部位进针。

3. 切勿将针梗全部刺入，以防针梗折断。若针梗折断，应保持镇静，使断针处不动，迅速用止血钳夹住断端取出；若针梗没入肌肉内，要立即请外科医师行手术取出。

4. 抽吸无回血后再注药。

5. 熟悉肌内注射各部位解剖特点，做到部位准确，防止伤及血管和神经。

6. 需同时注射两种以上药物时，应注意配伍禁忌。

7. 需长期注射者应有计划更换注射部位。

8. 2岁以下婴幼儿臀大肌尚未发育完好，为避免损伤坐骨神经，禁用臀大肌注射，可选臀中肌、臀小肌注射。

【案例分析】

患者，女，38岁，因淋雨后出现头痛、咽痛、打喷嚏、鼻塞、乏力、流鼻涕、发热（体温38.2℃）、咳嗽、咳痰等症状2天，门诊检查血常规：白细胞$12×10^9$/L，红细胞$2.8×10^{12}$/L，血小板$239×10^9$/L；X线检查肺纹理增多、增粗。诊断为急性支气管炎。医嘱予青霉素160万U im Bid，青霉素过敏试验阴性。思考：护士应如何为患者实施肌内注射？

分析思路：①评估患者年龄、性别、病情及病程、过敏试验结果、活动情况、营养状况、配合程度、用药所需指导、心理状况等。②评估药物：青霉素致敏概率高，注射前应备好急救药品，注射中及注射后应密切观察有无过敏反应。③青霉素属难吸收药物，应选择体积较大的臀大肌作为注射部位，选择针梗较长的7号针头，注射时应尽量深一点。④正确遵循肌内注射的操作程序和注意事项。⑤注意肌内注射并发症的预防和处理。

附：肌内注射定位法

1. 臀大肌注射定位方法

（1）十字法：从臀裂顶点向左或右侧画一水平线，从髂嵴最高点作一垂线，将臀部分为四个象限，选其外上象限并避开内角。

（2）连线法：髂前上棘和尾骨连线的外上1/3处。

2. 臀中肌、臀小肌注射定位法

（1）构角法：以示指尖置于髂前上棘，中指沿髂嵴下缘展开，髂嵴、示指、中指构成一三角形，注射部位在此三角内。

（2）三指法：以患者手指宽度为标准，注射部位在髂前上棘外侧三横指处。

3. 上臂三角肌注射定位法 肩峰下2~3横指处。

4. 股外侧肌注射定位法 大腿中段外侧，一般成人位于膝上10cm、髋关节下10cm、宽约7.5cm的范围内。

（四）静脉注射（intravenous injection，IV）

【目的】

1. 药物不宜口服、皮下或肌内注射，通过静脉注射可迅速发生药效。

2. 作诊断性检查，由静脉注入药物，如肝、肾、胆囊等造影。

【用物】

治疗车上层：标准注射盘（无菌持物钳、消毒剂、无菌纱布及罐、消毒棉签、0.1%盐酸肾上腺素、笔、砂轮、弯盘）、注射器（按药量准备）、头皮针（6.5～9号）、药物（按医嘱备）、治疗本（或医嘱本）、止血带、治疗巾、一次性无菌手套、手消毒液。

治疗车下层：医疗废物垃圾桶、生活垃圾桶、锐器收集盒。

【操作程序】

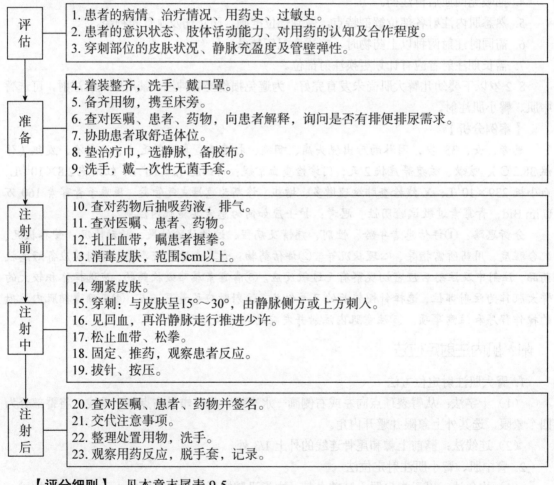

评估	1. 患者的病情、治疗情况、用药史、过敏史。 2. 患者的意识状态、肢体活动能力、对用药的认知及合作程度。 3. 穿刺部位的皮肤状况、静脉充盈度及管壁弹性。
准备	4. 着装整齐，洗手，戴口罩。 5. 备齐用物，携至床旁。 6. 查对医嘱、患者、药物，向患者解释，询问是否有排便排尿需求。 7. 协助患者取舒适体位。 8. 垫治疗巾，选静脉，备胶布。 9. 洗手，戴一次性无菌手套。
注射前	10. 查对药物后抽吸药液，排气。 11. 查对医嘱、患者、药物。 12. 扎止血带，嘱患者握拳。 13. 消毒皮肤，范围5cm以上。
注射中	14. 绷紧皮肤。 15. 穿刺：与皮肤呈15°～30°，由静脉侧方或上方刺入。 16. 见回血，再沿静脉走行推进少许。 17. 松止血带、松拳。 18. 固定、推药，观察患者反应。 19. 拔针、按压。
注射后	20. 查对医嘱、患者、药物并签名。 21. 交代注意事项。 22. 整理处置用物，洗手。 23. 观察用药反应，脱手套，记录。

【评分细则】 见本章末尾表9-5。

【注意事项】

1. 严格查对制度及无菌操作。

2. 遵循血管选择原则，注意保护血管。

3. 注射前排尽空气。

4. 据病情及药物性质，控制注药速度。

5. 注射中及注射后观察患者局部及全身反应。

6. 静脉注射强刺激性药物时，先用生理盐水建立静脉通道，确认在血管内后再推注药物，以防药液外渗而导致组织坏死。

【案例分析】

患者，女，45岁，因小细胞低色素性贫血住院治疗，治疗过程中病情仍继续加重，采取了输血疗法，患者在输血中出现手足抽搐、血压下降、心率缓慢等，经诊断为枸橼酸钠中毒反应。医嘱：静脉注射10%葡萄糖酸钙10ml。思考：护士应如何为患者实施静脉注射？

分析思路：①评估患者年龄、性别、病情及病程、活动情况、营养状况、配合程度、用药所需指导等。②确定静脉注射的部位。③正确实施静脉注射的操作程序和注意事项，尤其注意查对和无菌原则。④葡萄糖酸钙是高渗溶液，注射前应用生理盐水导通，注射后应用生理盐水冲洗，注射过程中应注意确保注射器针头在血管内，避免药液渗漏。

（五）微量注射泵

【目的】　将小剂量药液持续、均匀、定量地注入人体静脉。

【用物】　注射泵、注射器、药物，静脉穿刺所需用物。

【操作流程】

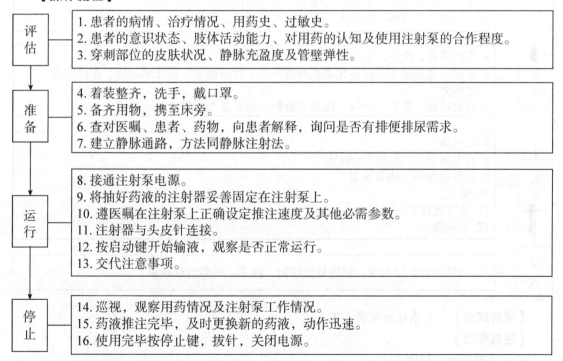

评估	1. 患者的病情、治疗情况、用药史、过敏史。 2. 患者的意识状态、肢体活动能力、对用药的认知及使用注射泵的合作程度。 3. 穿刺部位的皮肤状况、静脉充盈度及管壁弹性。
准备	4. 着装整齐，洗手，戴口罩。 5. 备齐用物，携至床旁。 6. 查对医嘱、患者、药物，向患者解释，询问是否有排便排尿需求。 7. 建立静脉通路，方法同静脉注射法。
运行	8. 接通注射泵电源。 9. 将抽好药液的注射器妥善固定在注射泵上。 10. 遵医嘱在注射泵上正确设定推注速度及其他必需参数。 11. 注射器与头皮针连接。 12. 按启动键开始输液，观察是否正常运行。 13. 交代注意事项。
停止	14. 巡视，观察用药情况及注射泵工作情况。 15. 药液推注完毕，及时更换新的药液，动作迅速。 16. 使用完毕按停止键，拔针，关闭电源。

【评分细则】　见本章末尾表9-6。

【注意事项】

1. 正确理解并设定注射泵参数。

2. 观察注射泵工作状态，及时排除报警和故障。

3. 经常巡视，随时观察药液输入情况及用药后反应。

4. 严格交接班，对需持续使用微量注射泵的患者，须坚持做到"三交、二接、三清"，即书面、口头、床边交班；病情、治疗仪器交接；口头讲清、书面写清、床边看清。

三、超声雾化吸入法（ultrasonic atomizing inhalation）

超声雾化吸入，是利用超声波声能产生的高频振荡，将药液雾化，随吸入空气散布于呼吸道而发挥疗效的方法。

【目的】

1. 湿化呼吸道。

2. 改善通气功能。

3. 预防和控制呼吸道感染。

【用物】

治疗车上层：超声雾化吸入器、药液、水温计、冷蒸馏水。

治疗车下层：医疗废物垃圾桶、生活垃圾桶。

【操作程序】

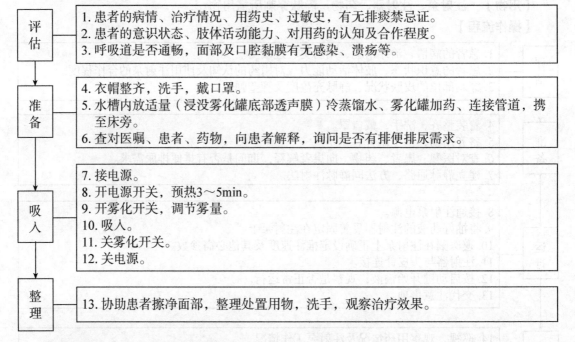

评估	1. 患者的病情、治疗情况、用药史、过敏史，有无排痰禁忌证。 2. 患者的意识状态、肢体活动能力、对用药的认知及合作程度。 3. 呼吸道是否通畅，面部及口腔黏膜有无感染、溃疡等。
准备	4. 衣帽整齐，洗手，戴口罩。 5. 水槽内放适量（浸没雾化罐底部透声膜）冷蒸馏水、雾化罐加药、连接管道，携至床旁。 6. 查对医嘱、患者、药物，向患者解释，询问是否有排便排尿需求。
吸入	7. 接电源。 8. 开电源开关，预热3～5min。 9. 开雾化开关，调节雾量。 10. 吸入。 11. 关雾化开关。 12. 关电源。
整理	13. 协助患者擦净面部，整理处置用物，洗手，观察治疗效果。

【评分细则】 见本章末尾表9-7。

【注意事项】

1. 开关顺序不可颠倒。

2. 水槽和雾化罐内禁忌加入温水、热水或生理盐水，以免损坏晶片。

3. 水槽内水温不超过50℃。

4. 预防交叉感染。

【案例分析】

患者，女，38岁，诊断为急性支气管炎，患者剧烈咳嗽、咳黏痰，医嘱予吸入用布地奈德混悬液4ml吸入，Bid。思考：护士应如何为患者实施超声雾化吸入？

　　分析思路：①评估患者年龄、性别、病情、配合程度、用药所需指导、心理状况等。②雾化吸入本身具有湿化气道，本案例雾化吸入可稀释痰液、气道局部抗炎，帮助患者缓解咳嗽咳痰症状。③雾化吸入的方法和注意事项。

四、其他给药术

（一）滴眼药术

【目的】　将药液滴入患者下眼睑的结膜囊内，起到眼部检查、诊断或治疗作用。

【用物】

治疗车上层：医嘱单、治疗盘、弯盘、眼药水（或眼药膏）、消毒棉签、无菌手套、手消毒液。

治疗车下层：医疗废物垃圾桶、生活垃圾桶。

【操作程序】

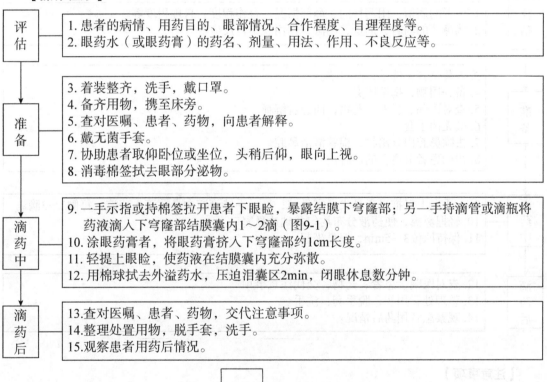

评估	1.患者的病情、用药目的、眼部情况、合作程度、自理程度等。 2.眼药水（或眼药膏）的药名、剂量、用法、作用、不良反应等。
准备	3.着装整齐，洗手，戴口罩。 4.备齐用物，携至床旁。 5.查对医嘱、患者、药物，向患者解释。 6.戴无菌手套。 7.协助患者取仰卧位或坐位，头稍后仰，眼向上视。 8.消毒棉签拭去眼部分泌物。
滴药中	9.一手示指或持棉签拉开患者下眼睑，暴露结膜下穹窿部；另一手持滴管或滴瓶将药液滴入下穹窿部结膜囊内1～2滴（图9-1）。 10.涂眼药膏者，将眼药膏挤入下穹窿部约1cm长度。 11.轻提上眼睑，使药液在结膜囊内充分弥散。 12.用棉球拭去外溢药水，压迫泪囊区2min，闭眼休息数分钟。
滴药后	13.查对医嘱、患者、药物，交代注意事项。 14.整理处置用物，脱手套，洗手。 15.观察患者用药后情况。

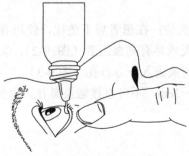

图9-1　滴眼药水

【注意事项】

1. 滴药前洗净双手、戴无菌手套，防止交叉感染。

2. 双眼滴药者先轻后重，以免交叉感染。

3. 不可将药液直接滴于角膜上。

4. 眼药水与眼药膏同时用，应先滴眼药水后涂眼药膏。

5. 数种药物同用时，必须间隔 2～3min，并先滴刺激性弱药物，后滴刺激性强药物。

（二）滴鼻药术

【目的】 将药液滴入鼻腔，起到预防及治疗鼻腔和鼻窦疾病作用。

【用物】

治疗车上层：医嘱单、治疗盘、弯盘、消毒干棉球、滴鼻药、无菌手套、手消毒液。

治疗车下层：医疗废物垃圾桶、生活垃圾桶。

【操作程序】

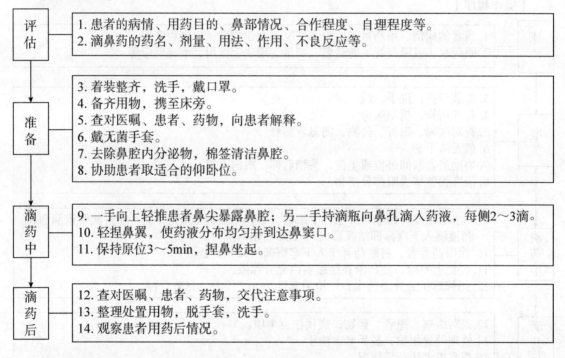

评估	1. 患者的病情、用药目的、鼻部情况、合作程度、自理程度等。 2. 滴鼻药的药名、剂量、用法、作用、不良反应等。
准备	3. 着装整齐，洗手，戴口罩。 4. 备齐用物，携至床旁。 5. 查对医嘱、患者、药物，向患者解释。 6. 戴无菌手套。 7. 去除鼻腔内分泌物，棉签清洁鼻腔。 8. 协助患者取适合的仰卧位。
滴药中	9. 一手向上轻推患者鼻尖暴露鼻腔；另一手持滴瓶向鼻孔滴入药液，每侧2～3滴。 10. 轻捏鼻翼，使药液分布均匀并到达鼻窦口。 11. 保持原位3～5min，捏鼻坐起。
滴药后	12. 查对医嘱、患者、药物，交代注意事项。 13. 整理处置用物，脱手套，洗手。 14. 观察患者用药后情况。

【注意事项】

1. 滴药时患者体位 ①仰头位：在患者肩下垫枕，使患者头垂直后仰或头悬垂于床沿，前鼻孔向上，适用于单侧鼻窦炎或伴有高血压者（图 9-2）。②侧头位：患者向患侧卧，肩下垫枕，使头偏向患侧并下垂，药液滴入下方鼻孔（图 9-3）。

2. 滴药时，药物距鼻孔 1～2cm，不可直接触及鼻孔，以免污染。

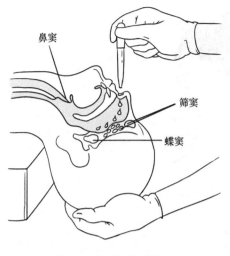

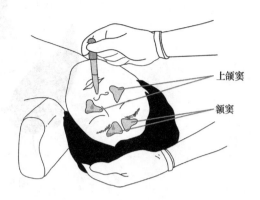

图 9-2　仰头位滴鼻药术　　　　　　　　图 9-3　侧头位滴鼻药术

（三）滴耳药术

【目的】　用于耳的检查、诊断及治疗。

【用物】

治疗车上层：医嘱单、治疗盘、弯盘、消毒棉签、消毒棉球、滴耳药、无菌手套、手消毒液。

治疗车下层：医疗废物垃圾桶、生活垃圾桶。

【操作程序】

评估	1. 患者的病情、用药目的、耳部情况、合作程度、自理程度等。 2. 滴耳药的药名、剂量、用法、作用、不良反应等。
准备	3. 着装整齐，洗手，戴口罩。 4. 备齐用物，携至床旁。 5. 查对医嘱、患者、药物，向患者解释。 6. 戴无菌手套。 7. 用消毒棉签去除患者耳道内分泌物，清洁耳道。 8. 协助患者取侧卧位，患耳在上。
滴药中	9. 一手向上向后轻提患者耳廓，使耳道变直；另一手将药液自外耳孔顺耳后壁缓缓滴入3～5滴（图9-4）。 10. 轻提耳廓，让药液流入，将棉球塞入外耳道口，拭去外流的药液。 11. 嘱患者保持原位3～5min。
滴药后	12. 查对医嘱、患者、药物，交代注意事项。 13. 整理处置用物，脱手套，洗手。 14. 观察患者用药后情况。

图 9-4　滴耳药

【注意事项】

1. 3 岁以下小儿滴药时，向下向后牵拉耳垂。

2. 不要将药液直接滴在耳鼓膜上。

3. 软化耵聍者，滴药量以不溢出耳道为度，滴药后会出现耳部发胀不适，应向患者做好解释；两侧均有耵聍者不宜同时进行。

4. 昆虫类异物进入耳道，可选用油类药液，滴后 2～3min 后便可取出。

（四）阴道栓剂给药术

【目的】　将药物栓剂塞入阴道，达到局部或全身治疗的效果。

【用物】

治疗车上层：医嘱单、治疗盘、弯盘、药液（栓剂）、治疗巾、无菌手套、手消毒液。

治疗车下层：医疗废物垃圾桶、生活垃圾桶。

【操作程序】

评估	1. 患者的病情、用药目的、阴道情况、合作程度、自理程度等。 2. 阴道栓剂药的药名、剂量、用法、作用、不良反应等。
准备	3. 着装整齐，洗手，戴口罩。 4. 备齐用物，携至床旁。 5. 查对医嘱、患者、药物，向患者解释。 6. 协助患者取屈膝仰卧位，铺治疗巾于会阴下。
滴药中	7. 戴无菌手套，取出栓剂。 8. 以示指或置入器将栓剂以向下向前的方向置入阴道内5cm（图9-5）。 9. 协助患者平卧15min以上。
滴药后	10. 查对医嘱、患者、药物，交代注意事项。 11. 整理处置用物，脱手套，洗手。 12. 观察患者用药后情况。

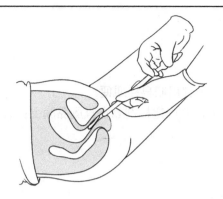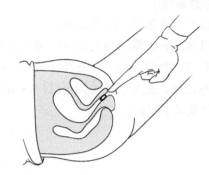

图 9-5　阴道栓剂给药

【注意事项】

1. 保护患者隐私，注意保暖。

2. 看清阴道口后才能置药，避免误入尿道。

3. 药物置入深度在 5cm 以上，以免滑出。

（五）肛门栓剂给药术——简易通便术

【目的】　采用通便剂协助患者排便。

【用物】

治疗车上层：医嘱单、治疗盘、弯盘、通便剂、治疗巾、纱布、无菌手套、手消毒液。

治疗车下层：医疗废物垃圾桶、生活垃圾桶。

【操作程序】

评估	1. 患者的病情、用药目的、肛门情况、合作程度、自理程度等。 2. 肛门栓剂药的药名、剂量、用法、作用、不良反应等。
准备	3. 着装整齐，洗手，戴口罩。 4. 备齐用物，携至床旁。 5. 查对医嘱、患者、药物，向患者解释。 6. 协助患者取左侧卧位，退下裤子至膝部，暴露肛门，铺治疗巾于臀下。
滴药中	7. 戴无菌手套，取出栓剂。 8. 一手暴露肛门，另一手置入肛门栓剂。 （1）开塞露：开启帽端，润滑开口处，将塑料囊颈部全部插入肛门，挤入药液，取出塑料囊，嘱患者保留 5～10min 后排便。 （2）甘油栓：将栓剂插入肛门至直肠，示指推入 6～7cm，轻轻按揉，嘱患者尽量保留栓剂。 （3）肥皂栓：蘸热水后插入肛门，余同甘油栓。 9. 协助患者取舒适卧位。
滴药后	10. 查对医嘱、患者、药物，交代注意事项。 11. 整理处置用物，脱手套，洗手。 12. 观察患者用药后情况。

【注意事项】

1. 保护患者隐私，注意保暖。

2. 开塞露药液量：成人 20ml、小儿 10ml。

3. 有肛门黏膜溃疡、肛裂及肛门剧烈疼痛者，不宜用肥皂栓通便。

4. 甘油栓、肥皂栓必须插至肛门内括约肌以上，并确定栓剂靠在直肠黏膜上；若插入粪块中，则效果不明显。

评分细则

表 9-1 口服给药评分表

姓名：_____ 学号：_____ 成绩：_____

项目	时间	流程	技术要求	分值	扣分
评估准备		评估患者	意识、吞咽能力、遵医行为、用药知识等 4 个方面	5	
		着装，洗手，戴口罩	衣帽整齐	2	
		备物	少一件扣 0.5 分	2	
		查对、备药		8	
给药		发药前查对	医嘱、患者、药物	6	
		按规定时间发药	服药到口	6	
		查对床号、姓名		6	
		告知药名、剂量、用法		6	
		进行用药指导		10	
		协助患者服药：口服或鼻饲		20	
		交代：用药指导		10	
服药后		查对并签名		5	
		整理处置用物，洗手		3	
		观察用药反应		3	
其他		污染	污染 1 次扣 2 分		
		动作	轻、准、稳	5	
		程序	原则步骤颠倒 1 次扣 1 分	3	
总分				100	

操作时间：_____ 监考人：_____

表 9-2 皮内注射评分表（过敏试验）

姓名：_____ 　　　　　学号：_____ 　　　　　成绩：_____

项目	时间	流程	技术要求	分值	扣分
评估准备		着装，洗手，戴口罩	衣帽整齐	2	
		备物，携至床旁	用物多或少一件扣 0.5 分	2	
		查对	医嘱、患者、药物	6	
		评估：询问三史	判断患者意识、用药及配合程度	4	
		解释，用药指导，体位		2	
配皮试液	时间 9min，超过 10s 扣 0.5 分	查、启瓶盖		4	
		消毒瓶塞	取棉签、蘸液、消毒	2	
		查取注射器，针头		2	
		稀释手法正确		8	
		排气	不浪费，不流淌	4	
		剂量准确		8	
注射		查对		6	
		选部位	评估注射部位皮肤状况	2	
		消毒皮肤	范围，不留空白，不回擦	2	
		绷紧皮肤		4	
		进针	与皮肤呈 5°	4	
		固定推药		4	
		皮丘	剂量准确	4	
			口述皮丘标准	6	
		拔针		2	
		查对并签名		6	
		交代	注意事项	2	
			观察时间	2	
		口述皮试结果判断		4	
		整理处置用物、洗手		2	
其他		污染	污染 1 次扣 2 分		
		动作	轻、准、稳	4	
		程序	原则步骤颠倒 1 次扣 1 分	2	
总分				100	

操作时间：_____ 　　　　　监考人：_____

表 9-3　皮下注射评分表

姓名：_____　　　　　　学号：_____　　　　　　成绩：_____

项目	时间	流程	技术要求	分值	扣分
评估准备		着装，洗手，戴口罩	衣帽整齐	2	
		备物，携至床旁	用物多或少一件扣 0.5 分	2	
		查对	医嘱、患者、药物	6	
		评估	药物知识及合作程度	2	
		解释，用药指导		2	
		体位		2	
吸药	时间 3min，超过 10s 扣 0.5 分	检查药液		6	
		消毒并打开药液容器		8	
		查取注射器、针头		4	
		吸药		6	
		排气		6	
		剂量准确		6	
注射		查对		6	
		选部位	评估穿刺部位皮肤状况	6	
		消毒皮肤	范围不小于 5cm，不留空白，不回擦	4	
		进针	与皮肤呈 30°～40°	6	
		抽无回血，观察患者反应		4	
		固定推药		4	
		拔针，按压		2	
		查对并签名		6	
		交代		2	
		整理处置用物，洗手		2	
其他		污染	污染 1 次扣 2 分		
		动作	轻、准、稳	4	
		程序	原则步骤颠倒 1 次扣 1 分	2	
总分				100	

操作时间：_____　　　　　　　　　　监考人：_____

表 9-4 肌内注射评分表

姓名：_____ 　　　学号：_____ 　　　　　　　成绩：_____

项目	时间	流程	技术要求	分值	扣分
评估准备		着装，洗手，戴口罩	衣帽整齐	2	
		备物，携至床旁	用物多或少一件扣 0.5 分	4	
		查对	医嘱、患者、药物	6	
		评估	药物知识及合作程度	2	
		解释，用药指导		2	
		合适体位，评估注射部位		2	
吸药	时间 3min，超过 10s 扣 0.5 分	检查药液	药名、浓度、剂量、质量、时间、用法	6	
		消毒并打开药液容器		8	
		查取注射器、针头		4	
		吸药		6	
		排气		4	
		剂量准确		6	
注射		查对	医嘱、患者、药物	6	
		再次确认部位	评估穿刺部位皮肤情况	6	
		消毒皮肤	范围不小于 5cm，不留空白，不回擦	4	
		绷紧皮肤，垂直进针		6	
		抽无回血		4	
		固定推药		4	
		拔针，按压		4	
		查对并签名		6	
		交代		2	
		整理处置用物、洗手		2	
其他		污染	污染 1 次扣 2 分		
		动作	轻、准、稳	2	
		程序	原则步骤颠倒 1 次扣 1 分	2	
总分				100	

操作时间：_____ 　　　　　　　监考人：_____

表 9-5 静脉注射评分表

姓名：_____ 　　　　学号：_____ 　　　　成绩：_____

项目	时间	流程	技术要求	分值	扣分
评估准备		着装，洗手，戴口罩	衣帽整齐	2	
		备物，携至床旁	用物多或少一件扣 0.5 分	3	
		戴手套		2	
		查对	医嘱、患者、药物	3	
		评估	药物知识及合作程度	2	
		解释，排便，用药指导		2	
		体位	注意保暖	2	
吸药		检查药液	药名、浓度、剂量、质量、时间、用法	2	
		查取注射器、针头		2	
		吸药		4	
		更换头皮针，排气		4	
		剂量准确		2	
穿刺注射	时间 6min，超过 10s 扣 0.5 分	查对	医嘱、患者、药物	6	
		垫巾，选静脉，备胶布	评估穿刺部位	6	
		扎止血带，嘱患者握拳		2	
		消毒皮肤	范围不小于 5cm，不留空白，不回擦	6	
		检查注射器内无气泡		2	
		绷紧皮肤		4	
		穿刺	与皮肤呈 15°~30°	6	
		见回血，再推进少许		4	
		一次穿刺成功		6	
		固定针翼，松止血带，松拳		6	
		固定		2	
		推药，注意观察患者反应		3	
		拔针，按压		2	
注射后		查对并签名		5	
		交代		2	
		整理处置，脱手套，洗手		2	
		观察用药反应		2	
其他		污染	污染 1 次扣 2 分		
		动作	轻、准、稳	2	
		程序	原则步骤颠倒 1 次扣 1 分	2	
总分				100	

操作时间：_____ 　　　　　　　　监考人：_____

表 9-6　微量注射泵使用评分表

姓名：_____　　　　　学号：_____　　　　　成绩：_____

项目	时间	流程	技术要求	分值	扣分
评估准备		评估	三史、治疗知识及合作程度	2	
		着装，洗手，戴口罩	衣帽整齐	4	
		备物	少一件扣 0.5 分	2	
		查对		10	
		解释		2	
		首先建立静脉通路		6	
操作	时间 2min，超过 10s 扣 0.5 分	接通注射泵电源		4	
		注射泵固定在支架上		4	
		正确设置注射参数	正确	20	
		连接注射器到头皮针头		6	
		按开始键，观察		6	
		交代		4	
		巡视，观察		4	
		及时更换药液		6	
停止		注射毕按停止键		4	
		拔针，关电源		4	
其他		整理用物		2	
		污染	污染 1 次扣 2 分		
		动作	轻、准、稳	4	
		程序	原则步骤颠倒 1 次扣 1 分	4	
总分				100	

操作时间：_____　　　　　监考人：_____

表9-7 超声雾化吸入法评分表

姓名：_____　　　　　　学号：_____　　　　　　成绩：_____

项目	时间	流程	技术要求	分值	扣分
准备		着装，洗手，戴口罩	衣帽整齐	2	
		评估	有无禁忌证、呼吸状况	3	
		备物	少一件扣0.5分	3	
	时间5min，超过10s扣0.5分	水槽内加冷蒸馏水	水量准确	8	
		雾化罐加药		8	
		连接管道		8	
		查对，解释		8	
吸入前		指导	患者学会用口吸气、鼻呼气	8	
		接电源预热	先开电源再开雾化开关	8	
吸入中		开雾化开关		4	
		调节雾量		4	
		掌握吸入时间		4	
		注意水温		8	
吸入后		关雾化开关	先关雾化开关再关电源	8	
		关电源		4	
		整理处置用物，洗手		4	
其他		动作	轻、准、稳	4	
		程序	原则步骤颠倒1次扣1分	4	
总分				100	

操作时间：_____　　　　　　　　　　监考人：_____

第十章 静脉输液与输血护理技术

静脉输液与输血是用于纠正患者水、电解质、酸碱平衡失调，补充营养，输入药物，以恢复内环境稳定的重要治疗措施。

一、周围静脉输液术（peripheral intravenous infusion）

【目的】 为患者建立短期外周静脉通路以输注药物和液体。

【用物】

治疗车上层：治疗巾、液体、消毒用物、棉签、一次性输液器、止血带、弯盘、输液卡、笔、剪刀、无菌手套、手消毒液。

治疗车下层：医疗废物垃圾桶、生活垃圾桶、锐器收集盒。

【操作程序】

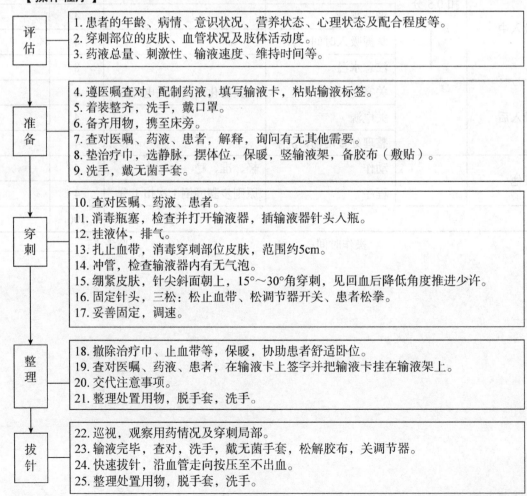

评估	1. 患者的年龄、病情、意识状况、营养状态、心理状态及配合程度等。 2. 穿刺部位的皮肤、血管状况及肢体活动度。 3. 药液总量、刺激性、输液速度、维持时间等。
准备	4. 遵医嘱查对、配制药液，填写输液卡，粘贴输液标签。 5. 着装整齐，洗手，戴口罩。 6. 备齐用物，携至床旁。 7. 查对医嘱、药液、患者，解释，询问有无其他需要。 8. 垫治疗巾，选静脉，摆体位，保暖，竖输液架，备胶布（敷贴）。 9. 洗手，戴无菌手套。
穿刺	10. 查对医嘱、药液、患者。 11. 消毒瓶塞，检查并打开输液器，插输液器针头入瓶。 12. 挂液体，排气。 13. 扎止血带，消毒穿刺部位皮肤，范围约5cm。 14. 冲管，检查输液器内有无气泡。 15. 绷紧皮肤，针尖斜面朝上，15°～30°角穿刺，见回血后降低角度推进少许。 16. 固定针头，三松：松止血带、松调节器开关、患者松拳。 17. 妥善固定，调速。
整理	18. 撤除治疗巾、止血带等，保暖，协助患者舒适卧位。 19. 查对医嘱、药液、患者，在输液卡上签字并把输液卡挂在输液架上。 20. 交代注意事项。 21. 整理处置用物，脱手套，洗手。
拔针	22. 巡视，观察用药情况及穿刺局部。 23. 输液完毕，查对，洗手，戴无菌手套，松解胶布，关调节器。 24. 快速拔针，沿血管走向按压至不出血。 25. 整理处置用物，脱手套，洗手。

【评分细则】　见本章末尾表10-1。

【注意事项】

1. 严格查对制度，三查：操作前、中、后查对；八对：床号、姓名、药名、剂量、浓度、给药时间、给药方法及药液质量。

2. 严格无菌操作。

3. 动作轻柔，体现爱伤观念。

4. 注意保护和合理使用静脉（原则：上肢优于下肢，健侧优于患侧；方法：弹性好、粗直、固定，避开静脉窦、神经和关节；保护血管：多次输液尽量选择使用静脉留置针，如果需要多次穿刺，应有计划地从远心端到近心端选择穿刺部位；暴露血管：扎、活动、热敷）。

5. 根据患者年龄、病情、药物性质调节滴速，一般成人40～60滴/分，儿童20～40滴/分，年老、体弱、心肺疾病者宜慢，休克、脱水者宜快速，高渗、刺激性大、升压或降压药应慢滴，利尿剂、脱水剂一般快滴。

6. 拔针时注意不要刺伤自己。

【案例分析】

患者，男，28岁，因大叶性肺炎入院治疗，医嘱予5%葡萄糖注射液500ml、头孢哌酮钠舒巴坦钠4g静脉滴注。思考：护士应如何为患者实施周围静脉输液？

分析思路：①评估患者年龄、性别、病情及病程、配合程度、用药所需指导、心理状况等。②确定静脉输液的目的，该患者输液目的为治疗肺部感染。③评估穿刺部位皮肤、水肿情况，血管粗细、弹性，穿刺难易度等。本案例为青年男性，静脉血管特点是突出易滑动，穿刺中建议从血管两端妥善固定。④选择穿刺工具：穿刺方式、器材、型号等。本案例如为临时医嘱，建议选用一次性头皮钢针；如为长期医嘱，为保护血管及避免反复穿刺带来痛苦，建议选用静脉留置针。

二、静脉留置针输液术（infusion via indwelling venous catheter）

【目的】　为患者建立静脉通路，便于抢救和保护患者血管。

【用物】

治疗车上层：治疗巾、液体、消毒用物、棉签、一次性输液器、留置针、止血带、无菌透明敷料、弯盘、输液卡、笔、剪刀、无菌手套、手消毒液。

治疗车下层：医疗废物垃圾桶、生活垃圾桶、锐器收集盒。

【操作程序】

评估	1.患者的年龄、病情、意识状况及营养状态、心理状态及配合程度，穿刺部位的皮肤、血管状况及肢体活动度。 2.药液总量，刺激性，输液速度等。 3.用具选择：穿刺方式、导管材料、型号以及穿刺并发症等。
准备	4～9.同周围静脉输液术。

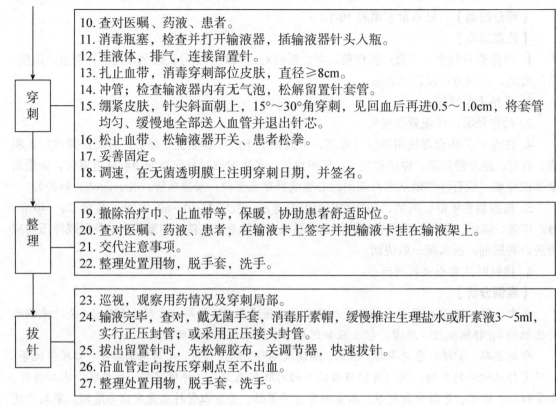

穿刺

10. 查对医嘱、药液、患者。
11. 消毒瓶塞，检查并打开输液器，插输液器针头入瓶。
12. 挂液体，排气，连接留置针。
13. 扎止血带，消毒穿刺部位皮肤，直径≥8cm。
14. 冲管；检查输液器内有无气泡，松解留置针套管。
15. 绷紧皮肤，针尖斜面朝上，15°～30°角穿刺，见回血后再进0.5～1.0cm，将套管均匀、缓慢地全部送入血管并退出针芯。
16. 松止血带、松输液器开关、患者松拳。
17. 妥善固定。
18. 调速，在无菌透明膜上注明穿刺日期，并签名。

整理

19. 撤除治疗巾、止血带等，保暖，协助患者舒适卧位。
20. 查对医嘱、药液、患者，在输液卡上签字并把输液卡挂在输液架上。
21. 交代注意事项。
22. 整理处置用物，脱手套，洗手。

拔针

23. 巡视，观察用药情况及穿刺局部。
24. 输液完毕，查对，戴无菌手套，消毒肝素帽，缓慢推注生理盐水或肝素液3～5ml，实行正压封管；或采用正压接头封管。
25. 拔出留置针时，先松解胶布，关调节器，快速拔针。
26. 沿血管走向按压穿刺点至不出血。
27. 整理处置用物，脱手套，洗手。

【评分细则】　见本章末尾表 10-2。

【注意事项】

1. 选粗直、血流丰富的静脉血管。

2. 以进针点为中心，消毒直径≥8cm，中间不留白。

3. 无菌透明膜应完全贴于皮肤上，以进针点为中心固定，无气泡。

4. 详细交代，嘱患者保持局部清洁、干燥，避免过度活动。

5. 观察留置针处静脉情况，如有红、肿、热、痛应更换穿刺点。

6. 留置针型号的选择　根据输液目的、血管情况进行选择，儿童输液或输血一般采用24G、22G，成人输液一般采用22G、20G，成人输血一般采用20G、18G、22G（≈7 号头皮针）。

7. 留置针护理　需连续输液者，每日消毒、更换输液器，预防感染；需间断输液者，每次输完液后正确封管；再次输液时消毒肝素帽，头皮针插入肝素帽。

三、外周中心静脉导管（peripherally inserted central venous catheter，PICC）输液术

【目的】　为患者建立长期的静脉通路，适用于长期输液者或输注刺激性较大液体者。

【用物】

治疗车上层：PICC 无菌包（治疗巾、孔巾、纱布、10ml 注射器），BD 安全型导管及穿刺针，止血带，无齿镊，消毒用物，敷贴，无菌手套 2 双，生理盐水，肝素盐水，肝素帽或正压接头，沙袋，笔，手消毒液。

治疗车下层：医疗废物垃圾桶、生活垃圾桶、锐器收集盒。

【操作程序】

评估	1.患者的年龄、病情、意识状况及营养状态等。 2.患者的心理状态及配合程度。 3.穿刺部位的皮肤、血管状况及肢体活动度，确定穿刺器材。
准备	4.依据医嘱，告知患者，签署知情同意书。 5.着装整齐，洗手。 6.备齐用物，携至床旁。 7.查对医嘱、患者、药物，解释。 8.肘正中10cm范围内选静脉（图10-1），注意保暖。 9.测量定位 （1）测量导管尖端所在的位置，测量时手臂外展90°。 （2）上腔静脉：预穿点沿静脉走行到右胸锁关节再向下至第3肋间隙。 （3）锁骨下静脉：预穿点沿静脉走行到胸骨颈静脉切迹，再减去2cm。 （4）测量上臂中段周径，以供监测可能发生的并发症，新生儿及小儿应测量双臂围。
穿刺	10.穿好手术衣，建立无菌区 （1）打开PICC无菌包，戴无菌手套。 （2）将治疗巾垫在患者手臂下。 （3）消毒皮肤：穿刺点周围10cm×10cm、两侧至臂缘；换无菌手套，铺孔巾，扩大无菌区。 11.无菌技术抽吸生理盐水及肝素盐水，注射器连接导管冲洗并润滑导丝，撤出导丝比预计长度短0.5～1cm处，按预计长度修剪导管，拨开导管护套10cm左右。 12.助手协助扎止血带。 13.去掉穿刺针保护套，活动套管。 14.绷紧皮肤，肘上二横指处针尖斜面朝上，15°～30°角穿刺，见回血后降低角度，推入导入针3～6mm，轻按针尖保护按钮，确认穿刺针回缩至针尖保护套内，松开止血带，撤出穿刺针。 15.无齿镊轻夹导管尖端（或手持保护套边撕边送），用力均匀缓慢送导管入静脉至10～15cm后退出套管并剥下，送管至预计深度达到皮肤参考线。 16.一手固定导管，一手撤出导丝。 17.用生理盐水注射器连接导管抽吸回血，并注入生理盐水，确定是否通畅。
封管固定	18.连接肝素帽或正压接头，用肝素盐水脉冲式封管。 19.清理穿刺点，固定导管，覆盖无菌敷料。 （1）将导管呈"S"形弯曲。 （2）在针眼处放置纱布吸收渗血。 （3）将无菌贴膜覆盖在导管及穿刺部位，加压固定。 （4）衬纸上注明穿刺时间。 20.查对，记录，交代注意事项。 21.整理处置用物，脱手术衣，脱手套，洗手。 22.确定导管放置到位。
拔管	23.查对、解释，洗手，戴无菌手套。 24.患者平卧，外展手臂90°。 25.穿刺点部位轻慢拔管，压迫止血。 26.测量导管长度，观察有无损伤断裂。 27.无菌辅料覆盖固定。

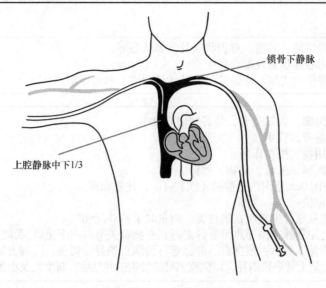

图 10-1　PICC 置管位置

【评分细则】　见本章末尾表 10-3。

【注意事项】

1. 严格无菌操作及查对制度。
2. 选部位时首选贵要静脉，其次为肘正中静脉、头静脉。
3. 穿刺时注意避免损伤神经，避免误入动脉。
4. 送导管时动作要轻柔。
5. 对有出血倾向的患者进行加压止血。
6. 封管时使用 10ml 以上的注射器，以减少推液压力，防止导管破裂。
7. 穿刺后的第一个 24h 内更换敷料。
8. 尽量避免在置管侧肢体测量血压。

【案例分析】

患者，男，68 岁，因肺部恶性肿瘤入院治疗，行右肺大部切除术后需长期行化疗，医嘱予以留置 PICC。思考：护士如何为患者实施 PICC 置管？

分析思路：①患者需长期化疗，是 PICC 的适应证，目前没有出现肘部静脉血管条件差和严重出血性疾病，可以置管。②PICC 穿刺部位：首选贵要静脉，其管径粗，解剖结构直，位置深；次选肘正中静脉；最后才选头静脉，头静脉表浅、暴露良好，但其有分支、静脉瓣相对较多。穿刺点选择在肘下两横指处。如果进针位置偏下，血管相对较细，易引起回流受阻或导管与血管发生摩擦而引起一系列并发症；如果进针位置过上，易损伤淋巴系统或神经系统。③PICC 穿刺方法：按操作流程图实施。④PICC 封管方法：输液后及时正压脉冲式封管。

四、静脉输血术（venous transfusion）

【目的】　为患者补充血容量或血液中的某种成分。

【用物】　输血器、血液制品、合血单，余同静脉输液术。

【操作程序】

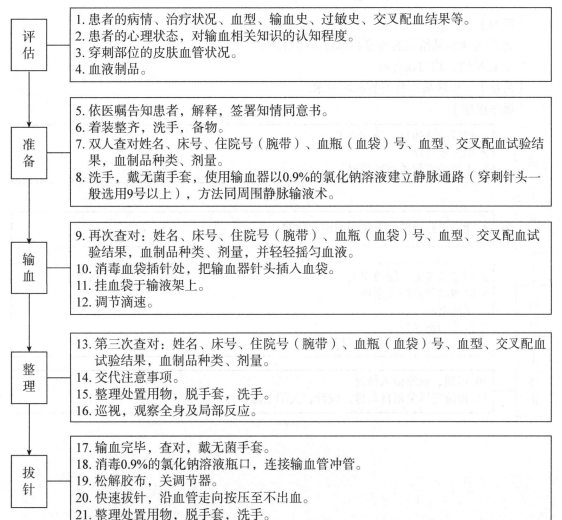

评估	1. 患者的病情、治疗状况、血型、输血史、过敏史、交叉配血结果等。 2. 患者的心理状态，对输血相关知识的认知程度。 3. 穿刺部位的皮肤血管状况。 4. 血液制品。
准备	5. 依医嘱告知患者，解释，签署知情同意书。 6. 着装整齐，洗手，备物。 7. 双人查对姓名、床号、住院号（腕带）、血瓶（血袋）号、血型、交叉配血试验结果，血制品种类、剂量。 8. 洗手，戴无菌手套，使用输血器以0.9%的氯化钠溶液建立静脉通路（穿刺针头一般选用9号以上），方法同周围静脉输液术。
输血	9. 再次查对：姓名、床号、住院号（腕带）、血瓶（血袋）号、血型、交叉配血试验结果，血制品种类、剂量，并轻轻摇匀血液。 10. 消毒血袋插针处，把输血器针头插入血袋。 11. 挂血袋于输液架上。 12. 调节滴速。
整理	13. 第三次查对：姓名、床号、住院号（腕带）、血瓶（血袋）号、血型、交叉配血试验结果，血制品种类、剂量。 14. 交代注意事项。 15. 整理处置用物，脱手套，洗手。 16. 巡视，观察全身及局部反应。
拔针	17. 输血完毕，查对，戴无菌手套。 18. 消毒0.9%的氯化钠溶液瓶口，连接输血管冲管。 19. 松解胶布，关调节器。 20. 快速拔针，沿血管走向按压至不出血。 21. 整理处置用物，脱手套，洗手。

【评分细则】　见本章末尾表10-4。

【注意事项】

1. 严格三查八对。三查：血液有效期、质量、输血装置；八对：姓名、床号、住院号（腕带）、血瓶（血袋）号、血型、交叉配血试验结果、血制品种类、剂量。

2. 输血前须由两人核对无误方可输入。

3. 输血前、后须输入少量生理盐水。

4. 输血过程中密切观察患者反应。

5. 血液制品严禁剧烈振荡及自行加热。

6. 如发现血液制品有任何异常，应立即停止输入。

7. 输血前15min速度宜慢，无不良反应后再调至正常速度。

8. 输血毕血袋保留24h。

附：输液泵（infusion pump）

【目的】

1. 准确控制静脉给药的速度和单位内的给药量。

2. 保证持续、均匀地给药。

【用物】 输液泵，余同静脉输液术。

【操作程序】

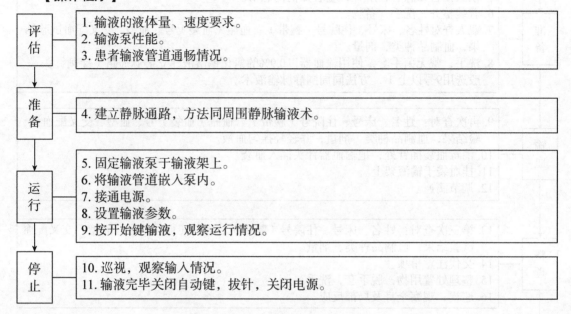

| 评估 | 1. 输液的液体量、速度要求。
2. 输液泵性能。
3. 患者输液管道通畅情况。 |

| 准备 | 4. 建立静脉通路，方法同周围静脉输液术。 |

| 运行 | 5. 固定输液泵于输液架上。
6. 将输液管道嵌入泵内。
7. 接通电源。
8. 设置输液参数。
9. 按开始键输液，观察运行情况。 |

| 停止 | 10. 巡视，观察输入情况。
11. 输液完毕关闭自动键，拔针，关闭电源。 |

评分细则

表 10-1　周围静脉输液术评分表

姓名：_____　　　　　学号：_____　　　　　成绩：_____

项目	时间	流程	技术要求	分值	扣分
准备		仪表	衣帽整齐	1	
		洗手，戴口罩、无菌手套		1	
		评估	病情、意识、营养、配合程度	4	
		备物	少 1 件扣 0.5 分	2	
输液	时间 9min，超过 10s 扣 0.5 分	查对	查对床头卡、床号姓名	2	
			医嘱、输液卡、液体、输液器	4	
		解释、嘱排尿		2	
		垫巾、选静脉	评估血管、皮肤	2	
		竖架、备胶贴		2	
		查对	医嘱及输液卡、液体	4	
		消毒瓶塞	取棉签、蘸液、消毒	4	
		查、取输液器	密闭性、有效期	2	
		插针		2	
		查对挂液	查对床号姓名、液体	2	
		排气	液面恰当、液不流出针头外	8	
		扎止血带	穿刺部位上方 6cm 以上	2	
		消毒皮肤	直径 5cm 以上，不留空隙，不回擦	4	
		冲管、检查	冲洗针头，查无气泡	4	
		穿刺	二次穿刺扣 10 分	18	
		松止血带、调节器，患者松拳		2	
		固定	稳固、美观	2	
		调速		2	
整理		查对	患者、医嘱、输液卡、液体	4	
		填挂输液卡		2	
		交代注意事项	不随意调速，保持通畅，局部、全身反应	4	
		体位、整理	体位舒适，用物处理	2	
		脱手套，洗手		2	
拔针		关闭调节器		1	
		拔针		2	
		按压		1	
		整理处置		1	
		洗手		1	
其他		污染	污染 1 次扣 2 分		
		动作	轻、准、稳	2	
		程序	原则步骤颠倒 1 次扣 1 分	2	
		机动		2	
		总分		100	

操作时间：_____　　　　　监考人：_____

表 10-2　静脉留置针输液术评分表

姓名：_____　　　　　学号：_____　　　　　　　成绩：_____

项目	时间	流程	技术要求	分值	扣分
评估准备		着装，洗手、备物	衣帽整齐；少一件扣 0.5 分	2	
		评估		5	
		查对	患者情况，药液，用具	2	
		解释		2	
		垫巾，选静脉，竖架，备敷贴	评估皮肤血管条件	2	
		洗手，戴无菌手套		2	
穿刺	时间 9min，超过 10s 扣 0.5 分	操作中查对	医嘱、液体、患者	6	
		消毒瓶塞		2	
		检查打开输液器		2	
		挂液体，排气，检查	液体不外流	4	
		接留置针		2	
		消毒	范围约 8cm	2	
		扎止血带	嘱患者握拳	2	
		第二次排气	松针套	2	
		绷紧皮肤，针尖斜面朝上		2	
		15°～30°穿刺		2	
		见血后再进 0.5～1.0cm		2	
		一次穿刺成功	二次进针扣 10 分	16	
		送套管		2	
		三松		2	
		固定、调速		2	
		注明穿刺日期，并签名		2	
整理		撤物，保暖，协助卧位		2	
		操作后查对	医嘱、患者、液体	7	
		签字挂卡		2	
		交代		2	
		整理用物，脱手套，洗手		2	
		巡视，观察		2	
拔针		查对，戴无菌手套		2	
		取胶布、关调节器		2	
		封管	缓慢推注，正压封管	2	
		快速拔针		2	
		按压	沿血管走向按压足够时间	2	
		整理用物，脱手套，洗手		2	
其他		污染	污染 1 次扣 2 分		
		动作	轻、准、稳	2	
		程序	原则步骤颠倒 1 次扣 1 分	2	
总分				100	

操作时间：_____　　　　　　　　　监考人：_____

表 10-3 PICC 输液术评分表

姓名：_____　　　　学号：_____　　　　成绩：_____

项目	时间	流程	技术要求	分值	扣分
评估准备		着装，洗手	衣帽整齐	2	
		备物	少一件扣 0.5 分	2	
		评估		2	
		查对	病情、意识、营养、配合程度	2	
		解释		2	
建无菌区	时间 10min，超过 10s 扣 0.5 分	选静脉，保暖		4	
		测量定位		4	
		打开 PICC 无菌包		2	
		穿手术衣，戴无菌手套		6	
		垫治疗巾		2	
		消毒穿刺点	10cm×10cm	4	
		铺孔巾		2	
穿刺		备管及封管用物		2	
		扎止血带		2	
		去穿刺针保护套，活动套管		2	
		15°～30°穿刺	肘上两横指处	4	
		推入导入针	见回血推入 3～6mm	2	
		回缩针尖		2	
		松开止血带		2	
		轻压套管口抽出针芯		4	
		一次穿刺成功		12	
封管固定		置入 PICC	入静脉至 10～15cm 后退出套管并剥下，送管至皮肤参考线	6	
		固定导管，撤出钢丝		2	
		抽吸回血，检查通畅		2	
		连接肝素帽，封管		2	
		针眼处放置纱布		2	
		"S" 形弯曲导管		2	
		无菌贴膜固定导管		2	
		注明穿刺时间		2	
其他		交代注意事项		2	
		整理处置用物，脱手术衣，脱手套，洗手		4	
		污染	污染 1 次扣 2 分		
		动作	轻、准、稳	4	
		程序	原则步骤颠倒 1 次扣 1 分	4	
总分				100	

操作时间：_____　　　　　　监考人：_____

表 10-4 静脉输血术评分表

姓名：_____　　　　学号：_____　　　　成绩：_____

项目	时间	流程	技术要求	分值	扣分
评估准备		评估	血型、输血史及过敏史，穿刺部位血管情况	2	
		着装，洗手	衣帽整齐	4	
		备物	少一件扣 0.5 分	2	
	时间 10min，超过 10s 扣 0.5 分	操作前查对	两人八对	14	
		解释，戴手套		2	
		消毒溶液瓶塞		4	
		检查并打开输血器		4	
输血		0.9%氯化钠溶液建立静脉通道	按静脉输液要求	8	
		操作中查对	八对	8	
		轻轻摇匀血液		4	
		消毒血袋插针处		4	
		调慢滴速，针插血袋		4	
		挂血袋		2	
		调节滴速		4	
整理		操作后查对	八对	8	
		交代注意事项		4	
		整理处置用物，脱手套，洗手		2	
		巡视，观察		2	
拔针		查对，戴手套		2	
		0.9%氯化钠溶液冲管		2	
		取胶布		2	
		关调节器		2	
		快速拔针		2	
		按压	按压至不出血	2	
		整理处置用物，脱手套，洗手		2	
其他		污染	污染 1 次扣 2 分		
		动作	轻、准、稳	2	
		程序	原则步骤颠倒 1 次扣 1 分	2	
总分				100	

操作时间：_____　　　　　　监考人：_____

第十一章 标本采集技术

标本采集技术是指根据检查项目的要求，收集患者的血液、体液、排泄物、分泌物、呕吐物和脱落细胞等进行检测，其结果可作为疾病诊断、治疗、监测的依据。

一、血标本采集术（blood specimen sampling）

根据检查目的和项目的不同，需测定的血液成分也不一样，常见血标本分为静脉血标本、动脉血标本和毛细血管血标本。

（一）静脉血标本采集术（intravenous blood sampling）

【目的】

1. 全血标本：抗凝血标本，主要用于临床血液学检查，检查血细胞的成分、形态、数量和分类等，选择添加有抗凝剂的试管。

2. 血清标本：用于各种生化和免疫学检查，如测定肝功能、血清酶、电解质等，选择干燥试管。

3. 血浆标本：抗凝血经离心后得到的上清液为血浆，用于部分生化检查、凝血因子测定和游离的血红蛋白测定等，选择添加肝素锂或肝素钠的试管，糖耐量试验选择添加草酸盐的试管。

4. 血培养标本：用于检测血液中的病原菌，选择血培养瓶。

【用物】

治疗车上层：医嘱单、检验申请单、条形码标签、基础治疗盘、采血针（或一次性注射器及针头）、真空采血管（或试管）、止血带、治疗巾、一次性无菌手套、手消毒液，必要时备酒精灯、火柴。

治疗车下层：医疗废物垃圾桶、生活垃圾桶、锐器收集盒。

【操作程序】

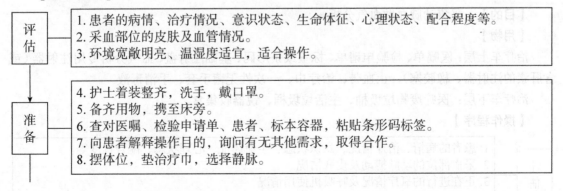

评估	1. 患者的病情、治疗情况、意识状态、生命体征、心理状态、配合程度等。 2. 采血部位的皮肤及血管情况。 3. 环境宽敞明亮、温湿度适宜，适合操作。
准备	4. 护士着装整齐，洗手，戴口罩。 5. 备齐用物，携至床旁。 6. 查对医嘱、检验申请单、患者、标本容器，粘贴条形码标签。 7. 向患者解释操作目的，询问有无其他需求，取得合作。 8. 摆体位，垫治疗巾，选择静脉。

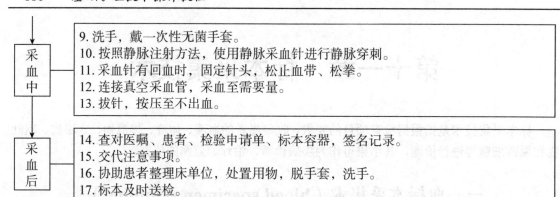

采血中	9. 洗手，戴一次性无菌手套。 10. 按照静脉注射方法，使用静脉采血针进行静脉穿刺。 11. 采血针有回血时，固定针头，松止血带、松拳。 12. 连接真空采血管，采血至需要量。 13. 拔针，按压至不出血。
采血后	14. 查对医嘱、患者、检验申请单、标本容器，签名记录。 15. 交代注意事项。 16. 协助患者整理床单位，处置用物，脱手套，洗手。 17. 标本及时送检。

【评分细则】 见本章末尾表 11-1。

【注意事项】

1. 采血前 24h，患者不宜剧烈活动，采血当天避免情绪激动，采血前宜静息至少 5min。

2. 采血时，严格执行查对制度和无菌制度。

3. 采集标本的方法、采血量和时间要准确。肘部采血不要拍打患者前臂，止血带结扎的时间以 1min 为宜；严禁在输液、输血的针头处抽取血标本；真空管采血时，不可提前将真空采血管与采血针头相连。

4. 采集多管血标本时，第一管最好不作为凝血检验标本（最大限度降低血管及组织细胞损伤造成血液成分改变对检验结果的影响，临床医生申请凝血检验项目时最好考虑与血常规或其他生化项目一起采血）；建议的采血顺序：血培养瓶→不含添加剂的采血管（血清标本管，红色、橘红色或黄色）→凝血标本管（浅蓝色）→其他标本管。

【案例分析】

患者，男，46 岁，10 天前出现发热、咳嗽、腰痛，遂来院就诊。急性面容，体温 39℃，脉搏 140 次/分，全身皮肤有多处出血点，疑似亚急性细菌性心内膜炎。现遵医嘱为患者抽血，查血生化、凝血功能和做血培养，护士抽血的先后顺序怎么排？

分析思路：①血生化标本准备无添加剂管，凝血功能标本准备枸橼酸钠抗凝管，血培养标本准备血培养瓶。②采血顺序：血培养瓶（血培养）→无添加剂管（血生化）→枸橼酸钠抗凝管（凝血功能）。

（二）动脉血标本采集术（arterial blood sampling）

【目的】 采集动脉血做血气分析。

【用物】

治疗车上层：医嘱单、检验申请单、标签或条形码、基础注射盘、血气分析专用注射器（或含肝素的注射器、橡胶塞）、止血带、治疗巾、一次性无菌手套、手消毒液。

治疗车下层：医疗废物垃圾桶、生活垃圾桶、锐器收集盒。

【操作程序】

评估	1. 患者的病情、治疗情况、意识状态、生命体征、心理状态、配合程度等。 2. 采血部位的动脉搏动及皮肤情况。 3. 正在进行的氧疗情况及呼吸机使用情况。 4. 环境宽敞明亮、温湿度适宜，适合操作。

准备

5. 护士着装整齐，洗手，戴口罩。
6. 备物，携至床旁。
7. 查对医嘱、检验申请单、患者、血气分析专用注射器，粘贴标签或条形码。
8. 向患者解释操作目的及操作方法，询问有无其他需求。
9. 协助患者取舒适体位，暴露穿刺部位，常用及首选是桡动脉（测试桡动脉艾伦试验阳性），次选肱动脉、股动脉、足背动脉，嘱患者穿刺过程中勿动、放松、平静呼吸，避免影响检验结果，必要时屏风遮挡。

采血中

10. 洗手，戴一次性无菌手套。
11. 查对医嘱单、检验申请单、患者、血气分析专用注射器。
12. 查取注射器及针头（或使用肝素化的注射器）。
13. 消毒穿刺处皮肤（范围直径大于5cm），消毒操作者左手中指和示指。
14. 用左手中指和示指触及动脉搏动最明显部位并固定，桡动脉：距腕横纹一横指约1～2cm，距手臂外侧 0.5～1.0cm 处（图11-1）。
15. 右手持针垂直刺入或沿动脉走向斜向刺入（图11-2）。
16. 见回血后固定针头，待动脉血自动充盈针管至1.6ml位置后拔针。
17. 拔针后局部用无菌棉签或纱布按压穿刺部位5～10min，直至完全止血。
18. 按压止血同时，立即单手回套针帽或刺入橡胶塞，使血液隔绝空气，封闭标本（图11-3），把标本垂直颠倒5次、平行揉搓针管5s以上充分抗凝（图11-4）。

采血后

19. 查对医嘱单、患者、检验申请单、标本容器，签名记录。
20. 交代注意事项。
21. 整理处置用物，脱手套，洗手。
22. 标本15min内及时送检，运送过程避免振荡。

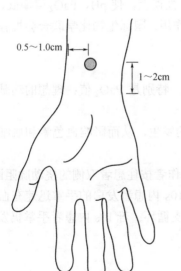

图 11-1　桡动脉位置

图 11-2　桡动脉斜向穿刺采血

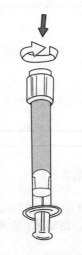

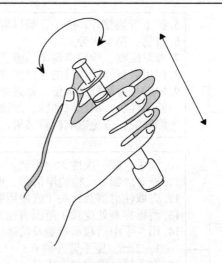

图 11-3　封闭标本　　　　　　　　　　图 11-4　揉搓针管防凝血

【评分细则】　见本章末尾表 11-2。

【注意事项】

1. 送检时请在检验申请单上注明采血时间、用氧方式、用氧浓度、体温等患者情况。

2. 采血过程中或充盈不足时严禁拉动针栓，以免产生气泡。

3. 采血应避开输液侧，如在输液侧采血可能发生溶血及稀释，如误采静脉血不能正确反映动脉血气状况。

4. 确认为动脉血方可送检，如怀疑为静脉血应重采标本。

5. 注意采血量及肝素浓度。肝素过量，可造成稀释性误差，使 pH、PaO_2 值偏低，$PaCO_2$ 值偏高，出现假性低碳酸血症；肝素过少，起不到抗凝作用；国际生物化学联合会推荐动脉血气中肝素的浓度为 50U/ml。

6. 采集血量最好为 1.6ml，以保证最佳抗凝效果。

7. 气泡会影响血气 pH、$PaCO_2$、PaO_2 的检测结果，特别是 PaO_2 值；理想的动脉血气标本其空气气泡低于 5%。

8. 与其他标本一样，标本不充分混匀会增加凝血的发生，从而影响血色素和血细胞比容结果的准确性。

9. 经典艾伦试验方法：嘱患者握紧双手的同时，操作者按住患者双侧的桡动脉阻断血流，1min 后同时松开双手，观察患者双手的颜色变化。若 10s 内患者发白的手掌迅速充血发红或正常，说明艾伦试验阴性，尺、桡动脉间存在良好的侧支循环；若 10s 内患者手掌仍发白，说明艾伦试验阳性，手掌侧支循环不良。

【案例分析】

患者，男，52 岁，诊断为呼吸衰竭，呼吸机辅助通气，现遵医嘱抽血做血气分析。思考：首选的采血部位，如何评估该动脉是否适合穿刺采血？

分析思路：①采血部位首选桡动脉，因为该部位动脉位置表浅、易于穿刺。②桡动脉采血前应做艾伦试验判断侧支循环情况，如艾伦试验阳性则建议更换采血部位。

（三）毛细血管血标本采集术

毛细血管血标本采集是自外周血或末梢血采集标本的方法，以中指或环指尖内侧为宜。一般成人以左手无名指采血，婴幼儿可从拇指或足跟处采血。末梢血主要用于全血细胞分析、血型、血糖、红细胞沉降率和新生儿筛查等检验项目。本节介绍血糖仪进行毛细血管血糖监测。

【目的】　通过采集患者的毛细血管血标本监测患者的血糖变化。

【用物】　医嘱单、血糖仪、试纸、基础注射盘、采血针或采血笔、75%乙醇溶液、一次性无菌手套、手消毒液。

【操作程序】

评估	1. 患者的病情、治疗情况、意识状态、生命体征、心理状态、配合程度等。 2. 患者的进食情况、降糖药物使用情况以及采血部位皮肤情况。 3. 环境宽敞明亮、温湿度适宜，适合操作。
准备	4. 着装整齐，洗手，戴口罩。 5. 备齐用物，携至床旁。 6. 查对医嘱、患者，询问有无乙醇过敏史，向患者解释。 7. 检查血糖仪处于备用状态，血糖仪与试纸型号一致。 8. 协助患者清洁双手，嘱患者手臂下垂5～10s。 9. 选部位：选择手指两侧，避开指腹采血。 10. 洗手，戴一次性无菌手套。
采血中	11. 75%乙醇溶液消毒采血部位，待干。 12. 打开血糖仪开关，插入试纸。 13. 再次查对医嘱、患者。 14. 操作者一手捏紧手指，将采血针或采血笔放在手指侧面，按下释放按钮（图11-5）。 15. 轻轻推压手指两侧血管至指前端1/3处，让血慢慢溢出，弃去第一滴血，将第二滴血滴于试纸上，于15s后仪器自动显示测量结果（图11-6）。 16. 用消毒棉签按压采血部位至不出血。
采血后	17. 查对医嘱和患者，交代注意事项。 18. 整理处置用物，脱手套，洗手。 19. 记录血糖结果。

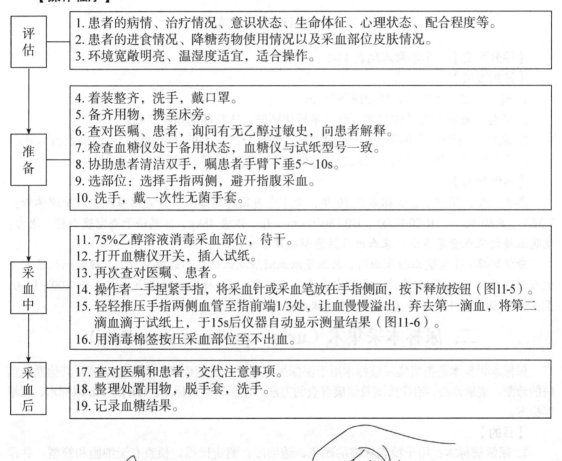

图11-5　采血笔或采血针采血

图 11-6 测量仪显示血糖结果

【评分细则】 见本章末尾表 11-3。

【注意事项】

1. 确认患者是否空腹、餐前或餐后 2h。

2. 避免在输液同侧肢体穿刺，选择末梢循环好、皮肤薄的指尖穿刺。

3. 采血后稍稍挤压手指形成一小滴血样，勿过分挤压手指以免组织内液溢出影响结果。

4. 彻底清洁、消毒并晾干采血部位，残留水分或乙醇可能稀释血样影响结果。

【案例分析】

患者，女，70 岁，2 型糖尿病 10 年，近 1 个月因腰腿疼痛、行走困难入院，护理体检：T 36℃、P 80 次/分、R 20 次/分、BP 180/100mmHg、体重 48kg，医嘱给予查空腹血糖。思考：空腹血糖的采血量是多少？采血时应注意哪些事项？

分析思路：①空腹血糖采血时，采血量以血滴触及试纸弧形边缘缺口处，确定测试区完全被血液覆盖即可。②采血前询问是否空腹及上次进食时间，确保空腹采血宜在上午 7:00～9:00，至少禁食 8h，以 12～14h 为宜，但不建议超过 16h。

二、尿标本采集术（urine specimen sampling）

尿标本采集术是指采集尿液标本用于泌尿生殖系统、肝胆疾病、代谢性疾病及其他系统疾病的诊断、鉴别诊断、治疗监测及健康普查的方法，包括尿常规标本、12h 或 24h 尿标本、尿培养标本。

【目的】

1. 尿常规标本：用于检查尿液的颜色、透明度，测定比重，检查有无细胞和管型，并作尿蛋白和尿糖定性检测等。

2. 12h 或 24h 尿标本：用于各种尿生化检查和尿浓缩查结核杆菌等。

3. 尿培养标本：采集清洁尿标本（如中段尿、导管尿、膀胱穿刺尿等），用于细菌培养或细菌敏感试验，以了解病情，协助临床诊断和治疗。

【用物】

1. 尿常规标本：医嘱单、检验申请单、一次性尿杯、尿常规试管，必要时备便盆或尿壶。

2. 12h 或 24h 尿标本：医嘱单、检验申请单、储尿容器、防腐剂、清洁手套、注射器、尿标本用试管。

3. 尿培养标本：医嘱单、检验申请单、贴好标签的尿培养瓶、无菌生理盐水，必要时备酒精灯、火柴，余同留置导尿术用物。

【操作程序】

1. 尿常规标本采集术：由护士提供清洁容器，解释留取方法：能自理的患者，给予标本容器，嘱其将晨起第一次尿留于容器内，除测定尿比重需要留 100ml，其余检验留取 30～50ml。

2. 12h 或 24h 尿标本采集术

评估	1. 患者的病情、治疗情况、生命体征、意识状态、排尿情况、自理程度等。 2. 环境宽敞明亮、温湿度适宜，保护患者隐私。
准备	3. 着装整齐，洗手，戴口罩。 4. 备齐用物，携至床旁。 5. 查对医嘱单、检验申请单、患者、储尿容器、尿标本用试管；将检验单附联贴于储尿容器上，注明留取尿液的起止时间；向患者解释。
留取标本	6. 洗手，戴清洁手套。 7. 指导患者按时自行或协助如厕排空膀胱（即使没有尿意也要进行），并准确记录日期和时间。 （1）12h尿标本：嘱患者19:00排空膀胱，留取尿液至次晨7:00最后一次尿液。 （2）24h尿标本：嘱患者7:00排空膀胱，留取尿液至次晨7:00最后一次尿液。 8. 先将尿液排在便器或尿壶内，然后再倒入储尿容器内，盖好盖子，首次倒入时加入适量防腐剂。 9. 留标本结束，充分混匀，注射器抽取适量（20～50ml）尿液于标本试管内。
留取后	10. 查对医嘱单、检验申请单、患者、标本容器，贴好标签。 11. 处置用物，脱手套，洗手，记录尿液总量。 12. 标本及时送检。

3. 尿培养标本采集术

评估	1. 患者的病情、治疗情况、生命体征、意识状态、排尿情况、自理程度等。 2. 环境宽敞明亮、温湿度适宜，保护患者隐私。
准备	3. 着装整齐，洗手，戴口罩。 4. 备齐用物，携至床旁。 5. 查对医嘱单、检验申请单、患者、标本容器，向患者解释。
留取标本	6. 戴清洁手套，遮挡保护隐私，患者自行或协助清洗会阴部。 7. 协助患者取合适体位。 8. 臀下垫橡胶单、治疗巾、便盆。 9. 打开导尿消毒包，添加消毒棉球，消毒外阴及尿道口（同留置导尿术），无菌生理盐水冲洗会阴。 10. 排弃前段尿，接取中段尿5～10ml于无菌标本容器中。 11. 导尿管导尿采样方法同导尿术；留置导尿患者可消毒后断开导尿管和集尿袋接口，用无菌注射器从导尿管中抽取尿液。

| 留取后 | 12. 查对医嘱单、检验申请单、患者、标本容器，贴好标签。
13. 整理处置用物，脱手套，洗手。
14. 标本及时送检。 |

【评分细则】 尿培养标本采集术评分细则见本章末尾表 11-4。

【注意事项】

1. 采集尿标本一般以清晨首次尿为宜。

2. 采集尿标本应避免经血、白带、精液、粪便等混入，还注意避免烟灰、便纸等异物混入。

3. 留取一般尿液标本的容器要清洁，标本在 30min 内送检。

4. 留置导尿患者留取尿微生物培养标本时，不可从集尿袋的下端管口留取标本。

5. 留取尿标本时，应严格执行无菌操作，防止标本污染。

【案例分析】

患者，男，30 岁，因近一周出现血尿、眼睑及双下肢水肿入院，第二天遵医嘱做尿艾迪计数检查。思考是否需要添加防腐剂？应该怎么指导患者留取尿标本？

分析思路：①每 100ml 尿液中加 400mg/L 的甲醛 0.5ml。②艾迪计数要留取 12h 尿标本，嘱患者于 19:00 排空膀胱，弃去尿液后开始留尿，至次晨 7:00 留取最后一次尿，将全部尿液盛于集尿瓶内。

三、粪便标本采集术（feces specimen sampling）

粪便由食物残渣、消化道分泌物、细菌和水分等组成，其标本的检验结果有助于评估患者的消化系统功能。粪便标本包括常规标本、细菌培养标本、隐血标本和寄生虫及虫卵标本。

【目的】

1. 常规标本：用于检查粪便标本的性状、颜色、细胞等。

2. 细菌培养标本：用于检查粪便中的致病菌。

3. 隐血标本：用于检查粪便内肉眼不能察见的微量血液。

4. 寄生虫及虫卵标本：用于检查粪便中的寄生虫成虫、幼虫及虫卵并计数。

【用物】

1. 常规标本及隐血标本：医嘱单、检验申请单、贴好标签的检便盒（内附棉签或检便匙）、清洁便盆。

2. 细菌培养标本：医嘱单、检验申请单、贴好标签的无菌加盖容器、无菌棉签、消毒便盆。

3. 寄生虫及虫卵标本：医嘱单、检验申请单、贴好标签的检便盒（内附棉签或检便匙）、透明塑料薄膜或透明胶带或载玻片（查蛲虫）、清洁便盆；直肠取样用物有直肠拭子、培养瓶（管）。

【操作程序】

1. 常规标本及隐血标本：患者自然排便后，挑取有脓血、黏液部分或粪便表面、深处及粪端多处约 5g 的粪便，置于容器中送检。

2. 细菌培养标本：患者自然排便于消毒便盆内，无菌棉签挑取有脓血、黏液部分或中央部分的粪便 2～3g，置于无菌容器中，盖紧瓶塞送检。

3. 寄生虫及虫卵标本：患者自然排便于便盆内，取不同部位带血或黏液部分 5～10g 送检。

4. 蛲虫标本：取透明薄膜纸于夜晚 24:00 或清晨排便前由肛门口周围拭取后立即镜检。

5. 不易获取粪便者或婴幼儿粪便：可采用肛拭子粪便标本留取技术。用棉花拭子在生理盐水中浸湿，插入肛门 2～3cm 处，自肛门周围皱襞处拭取，或在肛门口内轻轻旋转涂擦，然后插入盛有生理盐水的试管内；如做粪便拭子培养，以上操作均需使用无菌器材，并将拭子放入灭菌试管。

【注意事项】

1. 在采集粪便标本时，不得混入尿液或其他物质。

2. 粪便标本用于做微生物检测时，应将标本盛于无菌加盖容器内立即送检。

3. 做粪便隐血检测前，患者应素食 3 天，并禁服铁剂和维生素 C，否则易出现假阳性。

4. 粪便标本用于寄生虫或虫卵计数，需采集 24h 粪便。

5. 粪便标本用于查找阿米巴原虫时，应在采集前将容器用热水加温，便后连同容器立即送检。

6. 服驱虫药或做血吸虫孵化检查时，应取全部粪便及时送检。

四、痰标本采集术（sputum specimen sampling）

痰液是肺泡、支气管或气管内的分泌物。正常情况下，每人每日可咳少量无色或灰白色黏液样痰。如果上述器官发生病理改变，呼吸道黏膜受刺激，分泌物增多，可引起咳嗽和咳痰。根据痰液检查目的不同，采集方法亦不同。

【目的】

1. 常规痰标本：用于检查痰液中的细菌、虫卵或癌细胞等。

2. 24h 痰标本：用于检查 24h 痰量，观察痰液的性状以协助诊断或做浓集结核杆菌检查。

3. 痰培养标准：用于检查痰液中的致病菌，为抗生素的选择提供依据。

【用物】 医嘱单、检验申请单、贴好标签的清洁或无菌痰杯（微生物检测须用无菌杯）；24h 痰培养标本备广口大容量痰盒（加入防腐剂）、清洁手套、清水、消毒漱口液、手消毒液。无力咳痰者备吸痰用物。

【操作程序】

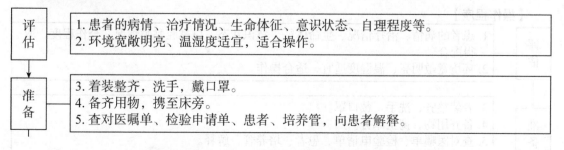

留取标本	6. 一般痰液标本采集 （1）指导或协助患者用消毒液漱口，再用清水漱口清除残留消毒液。 （2）嘱患者用力咳嗽，吐出深部痰液于痰杯中。 （3）盖上痰杯，尽快送检。 7. 无力咳痰者 （1）取合适体位、叩背。 （2）戴清洁手套。 （3）用一次性集痰器分别连接吸引器和吸痰管吸痰，置痰液于集痰器中。
留取后	8. 整理处置用物，脱手套，洗手。 9. 查对，记录送检。

【评分细则】　见本章末尾表 11-5。

【注意事项】

1. 留痰前先漱口，然后用力咳出气管深部痰液。

2. 做细胞学检测时，每次咳痰 5～6 口，定量约 5ml，或收集 9:00～10:00 的新鲜痰液。

3. 24h 痰量和分层检查时，应嘱患者将痰吐在无色广口瓶内，加少许防腐剂。

4. 痰液不易咳出者，应用超声雾化吸入法，使痰液稀释易咳出。

5. 昏迷患者可于清理口腔后，用负压吸引法吸取痰液。

6. 若采用纤维支气管镜检查，可直接从病灶处采集标本，质量最佳。

【案例分析】

　　患者，女，80 岁，因肺癌待查入院，目前患者身体虚弱、无力咳嗽、咳不出痰液，医生开医嘱为其采集常规痰标本，查癌细胞。思考：如何协助患者采集痰标本？采集完的痰标本如何处理？

　　分析思路：①常规痰标本：用一次性集痰器分别连接吸引器和吸痰管吸痰，置痰液于集痰器中；也可先应用超声雾化吸入，使痰液稀释易咳出。②查癌细胞：用 10%甲醛溶液或 95%乙醇溶液固定痰液后立即送检。

五、鼻咽拭子标本采集术（nasopharyngeal swab sampling）

　　鼻咽拭子标本采集是取患者鼻部、咽部、扁桃体的分泌物和附着物，检测致病菌或病毒。

【目的】　取患者鼻部、咽部及扁桃体分泌物做细菌培养或病毒分离，有助于白喉、化脓性扁桃体炎、急性咽喉炎等的诊断。

【用物】　医嘱单、检验申请单、贴好标签的无菌拭子培养管、消毒棉签、生理盐水、压舌板、手电筒、清洁手套、手消毒液。

【操作程序】

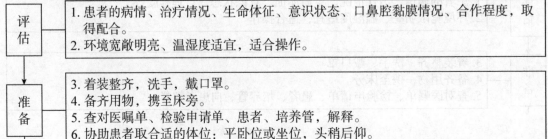

评估	1. 患者的病情、治疗情况、生命体征、意识状态、口鼻腔黏膜情况、合作程度，取得配合。 2. 环境宽敞明亮、温湿度适宜，适合操作。
准备	3. 着装整齐，洗手，戴口罩。 4. 备齐用物，携至床旁。 5. 查对医嘱单、检验申请单、患者、培养管，解释。 6. 协助患者取合适的体位：平卧位或坐位，头稍后仰。

留取标本	7. 洗手，戴清洁手套。 8. 鼻拭子标本采集 （1）清洁鼻腔：无菌棉签蘸取生理盐水清洁双侧鼻腔。 （2）测量长度：用拭子测量鼻孔到耳根的距离，确认拭子插入鼻腔的长度。 （3）取分泌物：以拭子测量鼻尖到耳垂的距离并用手指做标记，将拭子以垂直鼻子（面部）方向插入鼻腔，拭子深入距离最少应达耳垂部位到鼻尖长度的一半，使拭子在鼻内停留15～30s，轻轻旋转3～5次（图11-7）。 （4）缓慢取出拭子，将拭子头端插入含2～3ml的病毒保存液管中，在靠近顶端处折断无菌拭子杆，拧紧管盖（图11-8）。 9. 咽拭子标本采集 （1）患者用清水漱口。 （2）嘱患者张口发"啊"音，必要时压舌板协助。 （3）取出培养管中的拭子轻柔迅速地擦拭两腭弓、咽及扁桃体的分泌物，避免触及舌部。 （4）步骤同鼻拭子标本采集（图11-9）。
留取后	10.整理处置用物，脱手套，洗手。 11.查对，送检。

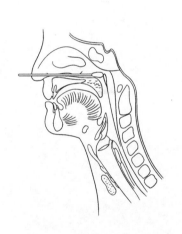

图 11-7 鼻拭子采集部位

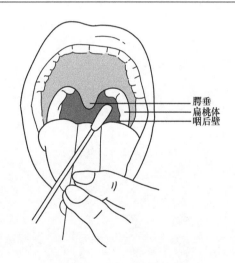

腭垂
扁桃体
咽后壁

图 11-8 咽拭子采集部位

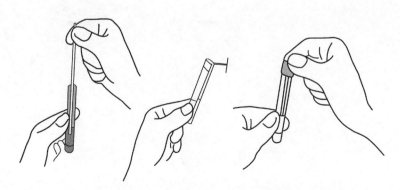

图 11-9 取出拭子、折断顶端并拧紧管盖

【注意事项】

1. 在应用抗生素之前采集标本。

2. 标本用于真菌培养时，应在口腔溃疡面采集。

3. 留取标本时，棉签不可触及其他部位，防止污染标本，影响检验结果。

【案例分析】

患者，男，52 岁，因头晕乏力 12 天，头晕加重 2h 伴剧烈恶心、呕吐、手脚发麻入院，以"脑循环缺血"收治缓冲病区，入院时生命体征平稳，既往有高血压病史 10 年，长期口服阿司匹林。护士为其采集鼻咽拭子做核酸检测，检查时发现左侧鼻中隔偏曲，鼻中隔后端见乳头状突起（小动脉瘤可能）。思考：此时还能做鼻拭子核酸检测吗？采集完的标本如何存放？

分析思路：①在采集鼻咽拭子操作前重点评估患者身体情况及鼻腔情况，尤其注意血液病、服用抗凝药物等有出血倾向的患者，该患者有鼻中隔偏曲不能做鼻拭子核酸检测，应做咽拭子检测。②采集完的标本及时放入带有生物安全标识的双层标本袋内，标识清楚，4℃存放，2h 内送至检验科。

评分细则

表 11-1 静脉血标本采集术评分表

姓名：_____   学号：_____   成绩：_____

项目	时间	流程	技术要求	分值	扣分
评估准备		着装，洗手，戴口罩	衣帽整齐	2	
		评估环境、患者病情及血管情况	根据采血目的问患者是否空腹	2	
		备物	少一件扣0.5分	2	
		操作前查对	医嘱、检验申请单、患者、标本容器	4	
		解释目的、选静脉		4	
		垫巾，置真空管和采血针于巾上		2	
采血中	时间5min，超过10s扣0.5分	戴一次性无菌手套		4	
		操作中查对	医嘱单、检验申请单、患者、标本容器	8	
		扎止血带		2	
		消毒	范围≥5cm	6	
		打开采血针头，绷紧皮肤穿刺		6	
		见回血固定，将针头另一端插入真空管内		4	
		一次穿刺成功		15	
		固定针头，采血管有血液流入时松止血带、松拳		4	
		采血至需要量		4	
		拔针、棉签按压		2	
		颠倒混匀标本	根据需要混匀	5	
采血后		操作后查对		8	
		脱手套		4	
		洗手		4	
		整理用物，送检标本		2	
其他		污染	污染1次扣2分，未弥补而导致使用污染物品，为不及格		
		动作，注意人文关怀	轻、准、稳	4	
		程序	原则步骤颠倒1次扣1分	2	
总分				100	

操作时间：_____   监考人：_____

表 11-2　动脉血标本采集术评分表

姓名：_____　　　　　　学号：_____　　　　　　成绩：_____

项目	时间	流程	技术要求	分值	扣分
评估准备		着装，洗手，戴口罩	衣帽整齐	3	
		评估环境、患者病情及血管情况		3	
		备物，携至床旁	用物多或少一件扣0.5分	3	
		查对，解释	医嘱单、检验申请单、患者、血气分析专用注射器	4	
		摆体位	采血目的及注意事项	4	
穿刺采血	时间5min，超过10s扣0.5分	垫巾，选动脉		4	
		洗手，戴一次性无菌手套		2	
		再次查对		5	
		查取注射器及针头		4	
		肝素化注射器，放于治疗盘内		4	
		消毒穿刺部位皮肤		4	
		消毒术者左手中指和示指或左手		4	
		触摸动脉搏动最明显处并固定	安慰患者	4	
		穿刺	垂直或与动脉走向成40°	8	
		见回血，固定采血		4	
		一次穿刺成功		8	
		左手按压穿刺点，右手拔针后将针尖斜面刺入橡皮塞中，立即隔绝空气，按压至不出血	按压5～10min	8	
		手搓针管防凝血		4	
采血后		查对，签名，交代注意事项		5	
		整理处置，脱手套，洗手		5	
		及时送检		4	
其他		污染	污染1次扣2分，未弥补而导致使用污染物品，为不及格		
		动作，体现人文关怀	轻、准、稳	4	
		程序	原则步骤颠倒1次扣1分	2	
总分				100	

操作时间：_____　　　　　　　　　　监考人：_____

表 11-3　毛细血管血标本采集术评分表

姓名：_____　　　　　学号：_____　　　　　成绩：_____

项目	时间	流程	技术要求	分值	扣分
评估准备		着装，洗手，戴口罩	衣帽整齐	3	
		评估环境、患者病情、进食情况及采血部位		5	
		备物，携至床旁	用物多或少一件扣0.5分	5	
		查对，询问有无乙醇过敏史	医嘱、患者	4	
		解释，取得配合	采血目的及注意事项	3	
采血中	时间3min，超过10s扣0.5分	协助患者清洁双手		5	
		嘱患者手臂下垂5～10s		3	
		检查血糖仪及试纸条，戴一次性无菌手套	血糖仪电量及质控情况、试纸有效期	10	
		选部位	环指或中指末节两侧，避开指腹采血	6	
		75%乙醇溶液消毒采血部位，待干		6	
		血糖仪开机，插入试纸，核对密码		6	
		再次核对患者及医嘱	安慰患者	6	
		捏紧手指，采血针放指侧，按下释放按钮，轻压手指，弃第一滴血，将第二滴血滴于试纸上	血液覆盖测试区，采血量不宜过多或者过少	10	
		棉签按压采血部位，至不出血		4	
采血后		查对医嘱单和患者		4	
		告知患者读数并交代注意事项		5	
		整理处置，脱手套，洗手		5	
		记录血糖值，告知医生		4	
其他		污染	污染1次扣2分		
		动作，体现人文关怀	轻、准、稳	4	
		程序	原则步骤颠倒1次扣1分	2	
总分				100	

操作时间：_____　　　　　监考人：_____

表 11-4 尿培养标本采集术评分表

姓名：_____ 学号：_____ 成绩：_____

项目	时间	流程	技术要求	分值	扣分
评估准备		仪表	衣帽整齐，洗手，戴口罩	5	
		评估环境、病情及排尿情况		2	
		备物，携至床旁	用物多或少一件扣 0.5 分	4	
		查对	医嘱单、标本容器、患者、检验申请单	6	
		解释	留取尿液目的和方法	5	
留取标本	时间 6min，超过 10s 扣 0.5 分	再次查对	医嘱单、标本容器、患者、检验申请单	8	
		戴清洁手套，保护隐私，协助患者清洗会阴部		8	
		摆体位		6	
		垫橡胶单、治疗巾、便盆		6	
		开导尿消毒包，添加消毒棉球，消毒外阴及尿道口（同留置导尿术），生理盐水冲洗		20	
		接取中段尿 5～10ml 于无菌试管中	必要时使用酒精灯	5	
留取后		为患者擦拭干净		5	
		整理处置，脱手套，洗手		5	
		查对，送检		5	
其他		污染	污染 1 次扣 2 分		
		动作	轻、准、稳，未弥补而导致使用污染物品，为不及格	5	
		程序	原则步骤颠倒 1 次扣 1 分	5	
总分				100	

操作时间：_____ 监考人：_____

表 11-5 痰标本采集术评分表

姓名：_____ 学号：_____ 成绩：_____

项目	时间	流程	技术要求	分值	扣分
评估准备		着装，洗手，戴口罩	衣帽整齐	5	
		评估环境及患者意识		2	
		备物，携至床旁	用物多或少一件扣 0.5 分	5	
		查对	医嘱单、检验申请单、患者、培养管	8	
		解释	留取痰液目的和方法	5	
留取标本	时间 5min，超过 10s 扣 0.5 分	再次查对	医嘱、标本容器、患者、检验申请单	8	
		协助患者用消毒液漱口，再用清水漱口		15	
		嘱患者用力咳嗽，吐出深部痰液于痰杯中		15	
		盖上痰杯，注明时间，尽快送检		8	
留取后		为患者擦拭干净		5	
		整理处置，脱手套，洗手		6	
		查对，记录、送检		6	
其他		污染	污染 1 次扣 2 分		
		程序	原则步骤颠倒 1 次扣 1 分	4	
		动作轻柔，体现人文关怀	轻、准、稳	4	
		机动		4	
总分				100	

操作时间：_____ 监考人：_____

第十二章　引流护理技术

引流是通过在患者体腔或组织内放置导管或引流条，利用负压、重力、吸附等，将气体、渗液、血液、脓液等导出体外；或通过改道、分流，使液体经另外的空腔脏器流出的方法。引流管置入人体后需做好相关护理，以起到应有的疗效及预防并发症。

一、胸腔闭式引流瓶更换技术（changing of thoracic closed drainage）

胸腔闭式引流是利用重力引流或负压吸引原理，重建、维持胸腔负压，引流胸腔内积气、积液，促进肺扩张，是治疗脓胸、外伤性血胸、气胸、自发性气胸的有效方法。

【目的】　引流出胸腔内的渗液、血液及气体，重建胸腔内负压，促进肺膨胀。

【用物】

治疗车上层：基础治疗盘、引流瓶（水封瓶、负压引流袋）、生理盐水、无菌治疗巾血管钳2把、药杯（内盛碘伏棉球数只）、无菌手套、手消毒液。

治疗车下层：医疗废物垃圾桶、生活垃圾桶。

【操作程序】

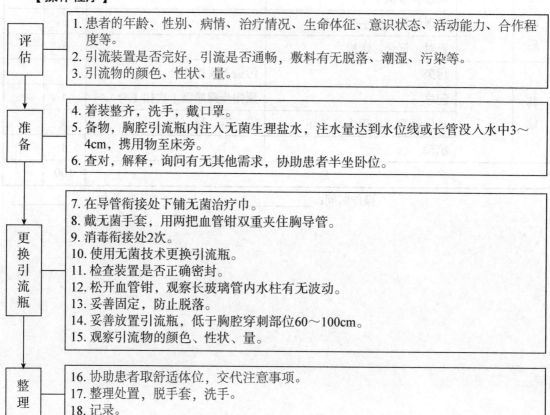

评估	1. 患者的年龄、性别、病情、治疗情况、生命体征、意识状态、活动能力、合作程度等。 2. 引流装置是否完好，引流是否通畅，敷料有无脱落、潮湿、污染等。 3. 引流物的颜色、性状、量。
准备	4. 着装整齐，洗手，戴口罩。 5. 备物，胸腔引流瓶内注入无菌生理盐水，注水量达到水位线或长管没入水中3～4cm，携用物至床旁。 6. 查对，解释，询问有无其他需求，协助患者半坐卧位。
更换引流瓶	7. 在导管衔接处下铺无菌治疗巾。 8. 戴无菌手套，用两把血管钳双重夹住胸导管。 9. 消毒衔接处2次。 10. 使用无菌技术更换引流瓶。 11. 检查装置是否正确密封。 12. 松开血管钳，观察长玻璃管内水柱有无波动。 13. 妥善固定，防止脱落。 14. 妥善放置引流瓶，低于胸腔穿刺部位60～100cm。 15. 观察引流物的颜色、性状、量。
整理	16. 协助患者取舒适体位，交代注意事项。 17. 整理处置，脱手套，洗手。 18. 记录。

【评分细则】 见本章末尾表 12-1。

【注意事项】

1. 严格无菌操作。

2. 操作过程中始终保持引流系统的密闭性。

3. 保持引流管通畅，防止受压、打折、扭曲、脱出。

4. 注意观察引流液的颜色、性状、量，并做好记录。

【案例分析】

患者，男，28 岁，从 4 米高处坠落，左胸先着地，感左胸痛、明显气短、无力。伤后神志清楚，无咯血、呕血、便血，无腹痛。体格检查：神志清楚，痛苦面容，面色苍白，呼吸急促，口唇发绀，气管右移。左侧胸廓饱满，运动减弱，叩诊呈鼓音，听诊呼吸音消失。X 线检查示心脏纵隔右移，左肺萎缩至肺门，第 5 前肋骨水平可见气液平面，左第 7、8 肋骨骨折。诊断为左第 7、8 肋骨骨折及左侧气胸、血胸。思考：患者已行胸腔闭式引流术，目前需更换引流瓶，护士在操作中应注意哪些问题？

分析思路：①评估患者的年龄、病情、治疗情况、活动能力、合作程度、呼吸能力、闭式引流效果等。②保持管道的密闭和无菌，维持引流通畅，敷贴清洁干燥。③观察引流物的颜色、性状、量。④严格无菌操作，防止感染。

二、外科 T 形引流管护理（nursing of surgical T type drainage tube）

T 形引流管常用于胆总管探查或切开取石术后患者，以利于引流胆汁及残余结石，或支撑胆道，避免胆总管切口粘连狭窄。由于 T 形引流管直接开口于胆总管，其细致妥善的护理对保证患者的治疗安全及获取准确的病情信息尤为重要。

【目的】 引流胆汁、残余结石；支撑胆道。

【用物】

治疗车上层：弯盘、无菌治疗巾、引流袋、血管钳、药杯（内盛碘伏棉球数只）、胶布或别针、无菌手套、手消毒液。

治疗车下层：医疗废物垃圾桶、生活垃圾桶。

【操作程序】

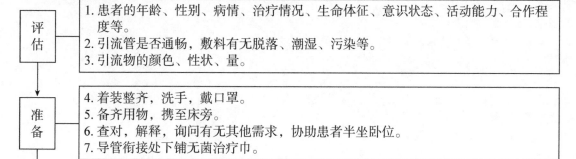

评估	1. 患者的年龄、性别、病情、治疗情况、生命体征、意识状态、活动能力、合作程度等。 2. 引流管是否通畅，敷料有无脱落、潮湿、污染等。 3. 引流物的颜色、性状、量。
准备	4. 着装整齐，洗手，戴口罩。 5. 备齐用物，携至床旁。 6. 查对，解释，询问有无其他需求，协助患者半坐卧位。 7. 导管衔接处下铺无菌治疗巾。

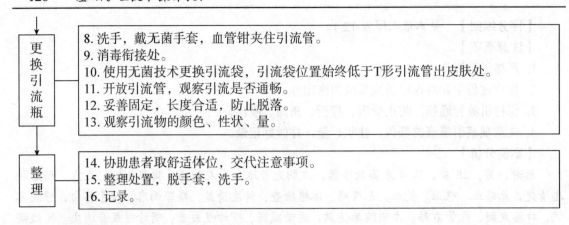

| 更换引流瓶 | 8. 洗手，戴无菌手套，血管钳夹住引流管。
9. 消毒衔接处。
10. 使用无菌技术更换引流袋，引流袋位置始终低于T形引流管出皮肤处。
11. 开放引流管，观察引流是否通畅。
12. 妥善固定，长度合适，防止脱落。
13. 观察引流物的颜色、性状、量。 |
| 整理 | 14. 协助患者取舒适体位，交代注意事项。
15. 整理处置，脱手套，洗手。
16. 记录。 |

【注意事项】

1. 严格无菌操作。

2. 长期带管者需每周更换引流袋。

3. 妥善固定管路，防止 T 形引流管脱落。

4. 拔管前需做夹管试验。

【案例分析】

患者，女，83 岁，1 个月前因不明原因黄疸入住肝胆科，入院后查肝功能提示阻塞性黄疸改变，B 超示胆囊结石、胆囊炎、胆囊肿大、胆总管扩张、下段显示不清。入院后予以抗炎、护肝等治疗，患者黄疸呈进行性加深。入院后第 2 天行"胆总管探查术"，术中探查胆总管处可扪及一质硬包块，遂行胆囊切除+T 形引流管引流术，现为术后第 3 天。思考：护士为其更换引流袋，需注意哪些问题？

分析思路：①评估患者年龄、病情、治疗情况、活动能力，合作程度、T 形引流管引流效果等。②保持引流通畅，敷贴清洁、干燥。③观察引流物的颜色、性状、量。④注意无菌操作。

评分细则

表 12-1　胸腔闭式引流瓶更换技术评分表

姓名：_____　　　　学号：_____　　　　成绩：_____

项目	时间	流程	技术要求	分值	扣分
评估准备		着装、洗手	衣帽整齐	2	
		备物，引流瓶盛水	少一件扣 0.5 分	2	
		查对		4	
		评估，解释		4	
		合适体位		4	
更换引流瓶	时间 5min，超过 10s 扣 0.5 分	铺治疗巾		2	
		戴无菌手套		4	
		夹管		6	
		消毒衔接处 2 次		8	
		更换引流瓶	注意无菌操作	8	
		检查		4	
		松钳		2	
		观察		4	
		固定		2	
		妥善放置引流瓶	引流瓶低于胸腔穿刺部位 60～100cm	6	
		观察		4	
		交代		4	
		整理处置		6	
		脱手套		4	
		洗手		4	
		记录		4	
其他		程序	原则步骤颠倒 1 次扣 1 分	4	
		动作	轻、准、稳	4	
		无菌	污染一次扣 2 分	4	
总分				100	

操作时间：_____　　　　　　　　监考人：_____

第三部分 急救及尸体护理技术

第十三章 急救护理技术

由于疾病、创伤、意外等情况导致患者生命危急或呼吸、心搏骤停，应及时采用各种急救技术抢救或维持其生命，为后续救治赢得时间。

一、徒手心肺复苏术（cardiopulmonary resuscitation without equipment）

徒手心肺复苏术是抢救呼吸、心搏骤停等危急患者生命的基础急救措施，正确及时的现场急救对提高心搏骤停患者的生存率具有极其重要的意义。

【目的】 通过建立人工循环及呼吸，保障患者重要脏器的血氧供应，促进自主循环的恢复，为后续抢救争取时间。

【用物】 治疗盘、计时器、电筒、纱布、手套、弯盘、手消毒液，有条件时备隔离膜（或口对呼吸保护面罩或面罩-呼吸囊），必要时备心脏按压板、舌钳、开口器。

【操作程序】

评估	1. 环境：现场环境有无危险因素，患者是否需要及能否移动。 2. 患者 （1）轻拍双肩并在双侧耳旁大声呼叫，观察患者反应。 （2）观察无呼吸或仅有喘息、不能扪及大动脉搏动，时间6～10s。 3. 呼救，启动应急反应系统，计时。
胸外按压	4. 戴手套，患者仰卧硬质平面上，解衣松裤；若在户外需检查地面平整情况。 5. 按压部位：两乳头连线与胸骨相交处或剑突上4～5cm，婴儿为双乳头连线下一横指（图13-1）。 6. 按压手法：两手掌根重叠，垂直按压（婴儿施救：1人时采用2指法，2人时采用环抱法）；成人胸骨下陷5～6cm，婴幼儿胸骨下陷约4cm；频率100～120次/分，按压放松比1∶1；有节奏报数（图13-2）。 7. 按压呼吸比：①成人单、双人；②儿童、婴儿单人30∶2，儿童、婴儿双人15∶2；③新生儿3∶1（90∶30/min），确定心脏病因引起者15∶2。 8. 一轮按压30次，15～18s完成。

人工呼吸

9. 检查口鼻，头偏一侧清理呼吸道，必要时取下活动义齿，给卧床者去枕。
10. 开放气道：①压额抬颏法：救护者一手的小鱼际肌置于患者前额部，用力使患者头部后仰，另一手的示指、中指交叉置下颌骨骨性部分向上抬颏，使成人下颌角与耳垂连线与身体长轴呈90°角，儿童呈60°角，婴儿呈30°角（图13-3）。②托下颌法：救护者位于患者头侧，双手的四指分别扣住患者双侧下颌角后方并上抬，使下齿高于上齿，保持头部不后仰和左右转动（图13-4）。
11. 人工呼吸2次：①口对口：条件允许可在嘴之间垫隔离膜或纱布，救护者双手保持患者气道开放，压额手的拇、示指捏住患者鼻翼，自然吸气后嘴包嘴吹气400～600ml，持续1s，使患者胸廓明显隆起；移开嘴并松鼻，使患者胸廓自然回缩。②口对呼吸保护面罩：面罩扣紧患者口鼻，"CE"手法固定，吹气，观察胸廓起伏。③球囊呼吸器：有2人及以上救护者时可采用。

持续

12. 进行5轮按压呼吸后，评估复苏效果，如患者大动脉搏动和自主呼吸未恢复，应尽快进入下一个循环，直至大动脉搏动和自主呼吸恢复，或持续复苏半小时以上未恢复者由医生判断是否终止复苏。
13. 大动脉搏动和自主呼吸恢复的患者应进一步评估呼吸、脉搏、瞳孔、黏膜、血压、意识、心电图等以确认复苏效果。

复苏后

14. 复苏成功后，置患者于复苏后体位，并立刻启动高级生命支持。
15. 整理处置用物，脱手套，洗手。
16. 观察病情。
17. 记录抢救停止时间及抢救情况。

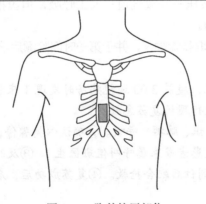

图 13-1　胸外按压部位

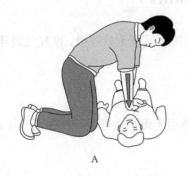 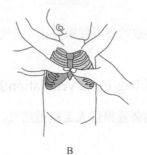 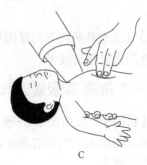

图 13-2　胸外按压方法

A.成人按压法；B.婴儿环抱法；C.婴儿 2 指法

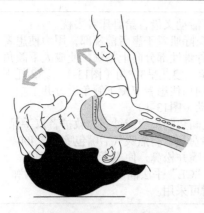

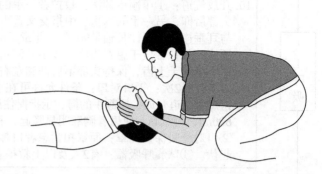

图 13-3 开放气道：压额抬颏法 图 13-4 开放气道：托下颌法

【评分细则】 单人徒手成人心肺复苏术评分细则见本章末尾表 13-1。

【注意事项】

1. 复苏中尽可能不中断胸外按压，即使中断也不要超过 10s。有 2 个及以上救护人员时，每个复苏循环后应换人进行胸外按压，力量不济时随时换人，以保持有效按压。在按压间隙，按压者身体不可倚靠在患者胸上。

2. 人工呼吸吹气量不可过大、过猛，防止过度通气；建立高级人工气道后，在不中断胸外按压的情况下，每 6s 给予 1 次人工呼吸，即 10 次/分呼吸。

3. 常规复苏程序是胸外按压—开放气道—人工呼吸，但应根据患者最有可能发生呼吸及心搏骤停的原因开展施救行动。

4. 如有除颤指征，应尽快取得除颤仪，并于第一时间除颤后继续胸外心脏按压和人工呼吸。

【案例分析】

心内科护士正 1 人值夜班，凌晨 3:00 巡视病房时发现 1 床患者呼之不应、大动脉搏动消失。思考：护士此时该如何进行现场复苏急救？

分析思路：①评估患者意识、脉搏、呼吸。②确认心搏骤停，立即启动急救系统（对讲机或手机呼叫值班医生；请旁边患者或家属呼叫值班医生）。③及时实施初级复苏（胸外按压、开放气道、人工呼吸），医生到位后配合抢救。④复苏成功后，后续进行高级生命支持。

二、通气技术（aerate skills）

通气技术是解决不同原因导致的患者呼吸停止、通气严重不足或无效呼吸，恢复气道通畅所行使的人工呼吸技术。

（一）面罩-呼吸囊通气（bag-mask ventilation）

【目的】 应用面罩-呼吸囊装置提供人工机械通气，适用于无自主呼吸或严重通气不足，且未建立高级人工气道的患者。

【用物】

治疗车上层：面罩-呼吸囊装置（呼吸囊、呼吸活瓣、面罩、衔接管）、氧气装置（氧气瓶或中心吸氧设施、氧气表、氧气连接管、湿化液）、一次性无菌手套、手消毒液，必要时备口（鼻）

咽通气管。

治疗车下层：医疗废物垃圾桶、生活垃圾桶。

必要时备吸痰装置。

【操作程序】

| 评估 | 1. 环境：现场环境有无危险，是否需要将患者移动至安全区域。
2. 患者：呼吸停止或临终呼吸状态、大动脉搏动有无消失、意识是否清楚。
3. 用物：拥有适用于患者且功能正常的通气装置。 |

| 开放气道 | 4. 戴一次性无菌手套，检查清理呼吸道分泌物及异物，取下活动义齿。
5. 仰卧位（卧床者去枕），松衣领、解裤带。
6. 压额抬颏法打开气道，怀疑颈椎损伤者用托下颌法。
7. 如有必要置入口（鼻）咽通气管。 |

| 挤捏气囊 | 8. "CE" 手法扣紧面罩并保持气道开放。"CE" 手法：将面罩扣住患者口鼻，救护者的拇指、示指成 "C" 形按压面罩，使面罩与面部紧密贴合；中指、环指和小指成 "E" 形，扣住下颌骨骨骼突出部位，小指钩在下颌角后，托颌打开气道（单手 "CE" 手法见图13-5、双手 "CE" 手法见图13-6）。
9. 单手挤压呼吸囊（1L挤压1/2，2L挤压1/3），成人潮气量400~600ml，新生儿6~8ml/kg，吸呼比：1：（1.5~2.0）。频率：①无呼吸有脉搏，成人10~12次/分；婴儿或儿童12~20次/分；新生儿40~60次/分。②无呼吸无脉搏，按压呼吸比成人30：2；儿童或婴儿单人30：2，双人15：2；新生儿3：1，确定心脏病因引起15：2。③建立高级人工气道后，成人、儿童、婴儿10次/分，新生儿30次/分。 |

| 整理处置 | 10. 判断有效性，呼吸和循环体征恢复情况。
11. 遵医嘱给氧，或置入高级人工气道。
12. 整理处置用物，脱手套，洗手。
13. 神志清醒者给予心理护理。 |

图 13-5　单手 "CE" 手法

图 13-6　双手 "CE" 手法

【评分细则】　见本章末尾表 13-2。

【注意事项】

1. 根据患者的年龄、身高和体重选择合适型号的面罩和呼吸囊。

2. 呼吸囊侧管外接氧气源时，氧流量调节 8～10L/min。

3. 挤压呼吸囊时用力均衡，压力不可过大，亦不可时大时小、时快时慢。

4. 患者有自主呼吸时，应在其吸气时挤压呼吸囊。

5. 使用完毕，拆解面罩和呼吸囊，清洗后用 2%戊二醛消毒剂浸泡 4～8h 或 0.2%含氯消毒剂浸泡 30min，清水冲洗晾干，贮氧袋擦拭消毒，装配好，检查测试，备用。

（二）气管插管术（endotracheal intubation）

在气管内置入导管，保持呼吸道通畅，减少解剖无效腔，清除气道分泌物，为给氧和呼吸器的使用提供条件。气管插管包括清醒插管、镇静插管和快诱导插管，而常用的插管技术有经口明视插管、经鼻盲插管和纤维支气管镜插管。

【目的】

1. 全身麻醉时的通气。

2. 心跳呼吸骤停时的通气。

3. 呼吸衰竭、呼吸肌麻痹或呼吸抑制需机械通气者。

【用物】

治疗车上层：喉镜、气管导管、导管芯、10ml 注射器、听诊器、牙垫、胶布、衔接管、简易呼吸器、吸痰管、一次性无菌手套、润滑剂、手消毒液，必要时备肌肉松弛剂、镇静麻醉剂。

治疗车下层：医疗废物垃圾桶、生活垃圾桶、锐器收集盒。

其他：供氧装置、负压吸引器。

【操作程序】

评估	1. 患者：呼吸状态、意识状态、头颈活动度、张口度、气道状况等。 2. 用物：选择适用于患者且功能正常的气管插管装置。
准备	3. 着装整齐，洗手，戴口罩。 4. 查对，意识清醒者予以解释。 5. 摆体位：去枕仰卧，肩背垫高，头后仰开放气道，保持口、咽、气管在一条直线。 6. 清理口鼻分泌物，去除活动义齿。 7. 必要时简易呼吸器正压供氧，吸入纯氧2～3min。 8. 检查、塑形气管导管，测试喉镜和吸引器，准备胶布。
插管	9. 洗手，戴一次性无菌手套。 10. 右手拇指、示指分开上下唇，保护口唇及牙齿，同时保持气道开放。 11. 左手持喉镜从右侧口角置入口腔，挑开会厌，暴露声门。 12. 右手持气管导管对准声门裂通过声门插入气管，导管进入声门1cm左右（图13-7）。 13. 拔出导管芯，将导管继续旋转深入气管，成人为3～5cm，儿童为2～3cm。 14. 放入牙垫，退出喉镜，放平患者头部。 15. 验证气管导管位置，确认导管在气管内，向导管气囊注气5～10ml。 16. 用"工"字形或"8"字形胶布固定导管和牙垫，并固定于面部。 17. 衔接管连接至简易呼吸器或呼吸机或麻醉机。
插管后	18. 再次查对，观察导管固定情况，记录导管外露长度。 19. 整理处置用物，脱手套，洗手。 20. 神志清醒者必要时进行心理护理。

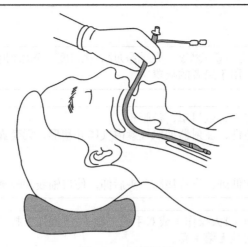

图 13-7 气管插管

【评分细则】 见本章末尾表 13-3。

【注意事项】

1. 插喉镜时着力点应在喉镜片的顶端，并采用上提喉镜的方法，严禁以门齿作支点。

2. 导管插入声门必须轻柔，避免暴力。

3. 根据年龄与性别选用合适导管，导管插入深度需气囊越过声门；成人导管尖端距门齿 21～23cm，尖端距气管隆嵴 2～4cm，儿童为双唇起 12cm+（年龄/2）。

4. 导管气囊注气以不漏气的最小充气量为原则，一般低于 15mmHg，其压力要低于毛细血管灌注压。

5. 验证气管导管位置的方法：①导管口端有呼出气流。②两肺呼吸音左、右、上、下均匀一致。③挤压简易呼吸器或上呼吸机时两侧胸廓同时均匀隆起，无上腹部膨隆现象。需用两种以上方法来确认。

（三）喉罩通气道（laryngeal mask airway）

喉罩通气是一种介于面罩和气管插管之间的声门上通气方法。喉罩具有便于携带、操作简便、刺激及损伤小等优点，分为第一代普通喉罩、第二代插管喉罩、第三代双管喉罩及无套囊喉罩。

【目的】

1. 气管内插管困难或不能插管的供气通道。

2. 全身麻醉手术中的气道管理。

3. 复苏急救中紧急气道的建立。

【用物】

治疗车上层：适宜类型及型号的喉罩、水基润滑剂、20ml 注射器、一次性无菌手套、胶布、听诊器、呼吸器或呼吸机、手消毒液，必要时备吸引器及吸痰管。

治疗车下层：医疗废物垃圾桶、生活垃圾桶、锐器收集盒。

【操作程序】

评估	1. 患者：呼吸状态，意识状态，头颈活动度，张口度，松动牙齿，甲颏距离，咽喉状况。 2. 用物：选择适用于患者的喉罩。
准备	3. 着装整齐，洗手，戴口罩，备胶布。 4. 检查喉罩完整性，注射器抽取气囊内气体并塑形；无套囊喉罩检查有无制造缺陷或锋利边角。 5. 润滑喉罩。 6. 摆体位：去枕仰卧，肩背垫高，头后仰，使口轴线和喉轴线角度＞90°。
插管	7. 向上提拉下颌（1人操作）或双手托下颌（2人操作）打开口腔。 8. 洗手，戴一次性无菌手套。 9. 插喉罩（图13-8） （1）示指法（操作者立于患者头顶侧）：①执笔式握住喉罩导管，示指和中指尖抵在喉罩罩体与通气管连接处，将通气罩开口方向朝向患者的下颌部（或上腭），从口腔正中或一侧口角轻柔放入。②示指压住喉罩紧贴硬腭，沿解剖结构下推至有落空感或有阻力（或将喉罩前端插入咽喉底部，翻转180°，继续向下推动，至有落空感或遇到阻力）。③固定导管外端，退出示指。 （2）拇指法（操作者面对患者）：①执笔式握住喉罩导管，拇指抵在喉罩罩体与通气管连接处，将通气罩开口方向朝向患者的下颌部，从口腔正中或一侧口角轻柔放入。②拇指压住喉罩紧贴上腭，沿解剖结构下推，拇指顶到硬腭后向上用力，使颈部伸展。③下推至有落空感或有阻力，固定导管外端，退出拇指。 10. 根据型号向套囊内注入空气封闭气道。 11. 确认喉罩位置（无漏气，胸部起伏良好，听诊双肺呼吸音正常）。 12. 胶布交叉固定导管。 13. 无套囊喉罩 （1）标准置入法：优势手拇指和示指压缩喉罩宽大体部，使呈"V"形放入口腔，轻柔向下推进。当喉罩后跟进入口腔后优势手退至喉罩柄部，沿垂直咽后壁方向用力，在喉罩前端通过舌根，其后跟处的突起滑入鼻咽和软腭之间时可有较明显顿挫感，说明已达正确位置。 （2）双手提颌下推法：优势手以持笔式握喉罩，轻柔放入口腔并向前推进。遇阻力时将双手移至两侧下颌角，将下颌向前上方尽力提起，同时双手拇指向前下方持续均匀用力按压喉罩后跟处突起，出现较明显顿挫感时，说明已达正确位置。 14. 连接呼吸器或呼吸机。
插管后	15. 再次查对，观察通气情况，记录。 16. 整理处置用物，脱手套，洗手。

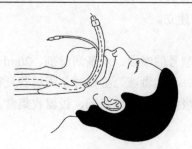

图 13-8　喉罩气道

【评分细则】　见本章末尾表 13-4。

【注意事项】

1. 饱食、腹内压过高，习惯性呕吐反流史，严重肥胖，潜在呼吸道梗阻，肺顺应性降低者不宜使用喉罩气道，但复苏时无绝对禁忌证。

2. 经喉罩正压通气时，气道压不应超过 20cmH₂O，避免胃胀气。

3. 喉罩气道不可长时间使用，避免造成咽喉部黏膜压力性损伤。

4. 使用期间注意观察呼吸音，及早发现反流和误吸。

5. 置入喉罩后不能做托下颌操作，否则易引起喉痉挛和喉罩移位。

（四）环甲膜穿刺（thyrocricoid puncture）

环甲膜穿刺是临床上对于有呼吸道梗阻，严重呼吸困难患者采用的急救措施之一，可为后续抢救赢得时间。环甲膜位于甲状软骨和环状软骨之间，前无坚硬遮挡组织，后贴气管，本身为一层薄膜，周围无要害部位，利于穿刺。

【目的】　为急性上呼吸道梗阻、喉源性呼吸困难、头面部严重外伤、不能气管插管者或急需开放气道而无其他器材时，建立临时气道。

【用物】

治疗车上层：环甲膜穿刺针（或 18G 穿刺针或采血用钢针）、10ml 注射器、5ml 注射器、消毒剂、消毒刷（或棉球及镊子）、无菌手套、简易呼吸器、弯盘、手消毒液，必要时备 2% 利多卡因注射液。

治疗车下层：医疗废物垃圾桶、生活垃圾桶、锐器收集盒。

【操作程序】

评估	1. 患者：呼吸状态、意识状态、气道梗阻情况及部位、所处环境。 2. 用物：确定最快可取的穿刺针类型及相应用物。
准备	3. 查对，意识清醒者予以解释，情况允许时签署知情同意书。 4. 着装整齐，洗手，戴口罩。 5. 检查连接穿刺针。
穿刺	6. 摆体位：去枕仰卧，肩背垫高，头后仰拉直气道；不能耐受者取半坐卧位。 7. 确定穿刺点：甲状软骨下缘与环状软骨上缘间正中线上柔软处（图13-9）。 8. 消毒皮肤：穿刺点为中心直径15cm，2～3次。 9. 穿刺部位局部麻醉，危急情况可不麻醉。 10. 戴无菌手套。 11. 固定穿刺（90°垂直进针或针尖向肺45°进针）至有落空感，可引起咳嗽反射。 12. 回抽注射器有大量空气，或按压胸部有气体从针头溢出。 13. 退出针心，推入套管。 14. 固定穿刺针。 15. 连接呼吸器（或呼吸机），放平头部。
插管后	16. 安置患者，观察通气及穿刺部位情况。 17. 整理处置用物，脱手套，洗手，记录。 18. 神志清醒者必要时进行心理护理。

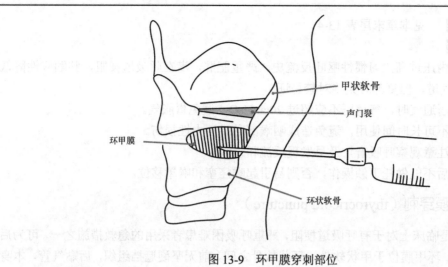

甲状软骨

声门裂

环甲膜

环状软骨

图 13-9 环甲膜穿刺部位

【评分细则】 见本章末尾表 13-5。

【注意事项】

1. 作为应急措施,穿刺针留置时间不超过 24h。

2. 穿刺部位明显出血时,及时止血,避免血液流入气管内。

3. 妥善固定穿刺针及连接管,避免移动时脱管或造成气管食管瘘。

4. 在无专用环甲膜穿刺针时可用采血用钢针代替。

(五)海姆利希手法(Heimlich maneuver)

当异物完全阻塞气道时,被梗阻者不能呼吸、说话及咳嗽,其一手或双手会抓住自己的咽喉部,呈现"海姆利希"征象。海姆利希通气术的原理,就是利用冲击腹部-膈肌下软组织,产生向上的压力,压迫肺底,从而驱使肺部残留空气形成一股带有冲击性、方向性的气流,将堵塞住气管、喉部的异物驱除。

【目的】 驱除气管内异物及液体。

【操作程序】

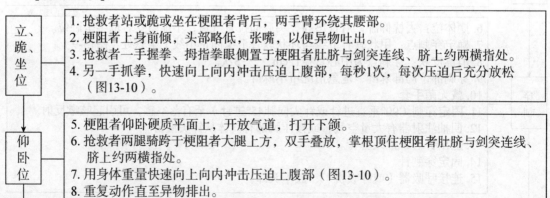

立、跪、坐位	1. 抢救者站或跪或坐在梗阻者背后,两手臂环绕其腰部。 2. 梗阻者上身前倾,头部略低,张嘴,以便异物吐出。 3. 抢救者一手握拳,拇指拳眼侧置于梗阻者肚脐与剑突连线、脐上约两横指处。 4. 另一手抓拳,快速向上向内冲击压迫上腹部,每秒1次,每次压迫后充分放松(图13-10)。
仰卧位	5. 梗阻者仰卧硬质平面上,开放气道,打开下颌。 6. 抢救者两腿骑跨于梗阻者大腿上方,双手叠放,掌根顶住梗阻者肚脐与剑突连线、脐上约两横指处。 7. 用身体重量快速向上向内冲击压迫上腹部(图13-10)。 8. 重复动作直至异物排出。

俯仰卧位	9. 抢救者坐或跪，婴儿置于其前臂，一手托头颈，一手推下颌使头稍后仰。 10. 双手翻转婴儿俯卧并使头部略低于胸部，趴于抢救者前臂，将前臂靠于大腿上支撑婴儿，以掌根（或空心拳）叩击两肩胛之间，最多5次。 11. 背部叩击无效时，将婴儿翻转仰卧，于两乳间连线下一横指胸骨部位，以示、中指并行快速按压胸部，直至异物排出（图13-11）。
自救	12. 气道梗阻者稍弯腰，将上腹部顶在固定水平物体如椅背、桌边、栏杆等处。 13. 身体反复进行快速、向内上方冲击固定物（图13-10）。 14. 直至异物排出。

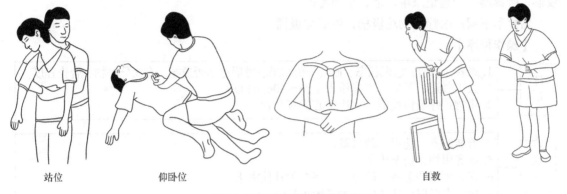

站位　　　　　仰卧位　　　　　　　　　　自救

图 13-10　成人海姆利希手法

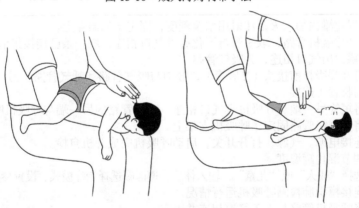

图 13-11　婴儿海姆利希手法

【注意事项】

1. 怀孕后期的孕妇和极度肥胖的梗阻者挤压的位置为胸外按压部位。

2. 由于用力冲击，可造成肋骨骨折、腹部和胸腔内脏器破裂或撕裂的并发症，因此在必要时才采取该方法。

3. 若梗阻者仅是部分气道梗阻，能自主呼吸，应鼓励其用力咳嗽排出异物。

【案例分析】

家中奶奶79岁，吃饭时突然面色发红，张着嘴，双手抓着自己的咽喉部。思考：该患者此时发生了什么？应如何处理？

分析思路：①评估及判断奶奶情况，询问奶奶是否被卡住不能呼吸。②立即实施海姆利希手法。

（六）有创呼吸机使用（using of invasive ventilator）

有创呼吸机使用（有创机械通气）是应用有创方法（建立有创人工气道，如气管插管及气管切开套管）通过呼吸机进行辅助呼吸的方法。

【目的】 维持适当的通气量，改善气体交换功能，维持动脉氧合，增加肺容积，减少呼吸功。

【用物】 呼吸机。

治疗车上层：医嘱单、呼吸机管路、湿化罐、灭菌蒸馏水、流量传感器、模拟肺、简易呼吸器、听诊器、护理记录单、笔、手消毒液。

治疗车下层：医疗废物垃圾桶、生活垃圾桶。

【操作程序】

评估	1. 患者：病情、意识状态、血气分析结果、呼吸道是否通畅、有无分泌物、合作程度。 2. 人工气道：类型、气囊压力（25~30cmH_2O）。 3. 用物：呼吸机性能、病房中心供氧装置。
准备	4. 着装整齐，洗手，戴口罩。 5. 备齐用物，携至床旁。 6. 查对医嘱和患者，解释，询问有无其他需求。 7. 协助患者取合适体位，抬高床头30°~45°。
连接呼吸机	8. 将湿化罐内加入灭菌注射用水至刻度，固定于加温器上。 9. 打开呼吸机管路，取短管与湿化罐进气口相连，取一条已连接集液罐的长管与湿化罐的出气口相连，为吸气管路。 10. 打开呼吸机前接头（Y形管），分别与吸气管路和呼气管路（另一条连接集液罐的长管）连接。 11. 将短管另一端与呼吸机吸气口相连，呼气管路的另一端与呼吸机呼气口相连。 12. 将呼吸机管路固定于呼吸机支架上。 13. 连接电源、气源，打开开关，启动呼吸机完成开机自检。 14. 调节湿化罐温度。 15. 选择"成人"或"儿童"，输入体重，遵医嘱选择治疗模式、设置参数及报警界限。 16. 连接模拟肺检测呼吸机运行情况。 17. 将呼吸机管路与人工气道相连并固定。 18. 听诊两肺呼吸音，检查通气效果，监测呼吸机运行参数。
操作后	19. 再次查对医嘱和患者，交代注意事项。 20. 协助患者取安全舒适体位。整理处置用物，洗手。 21. 记录管路的开始日期、呼吸机模式、呼吸机参数等。

【评分细则】 见本章末尾表13-6。

【注意事项】

1. 应用呼吸机期间，严密观察生命体征，遵医嘱定时做血气分析，防止机械通气并发症。
2. 使用呼吸机时要妥善固定人工气道，防止移位或意外脱出。
3. 使用呼吸机过程中，要及时清除环路内的积水。
4. 确保所有呼吸机的报警处于打开状态，根据报警级别适时查明原因并正确处理，以保证患者安全。

5. 呼吸机旁须备简易人工呼吸器，以便呼吸机突然故障或停电时急用。

三、电除颤术（electric defibrillation）

心室颤动是被目击的非创伤心搏骤停者最常见的心律。非同步除颤是消除心室颤动最迅速有效的方法，是心肺复苏的重要手段之一。其原理是利用除颤仪释放的高频直流电，使患者的大部分心肌在瞬间同时除极，心肌处于心电静止状态，其后自律性最高的部分首先发出冲动，重新控制心脏搏动。根据除颤仪的不同，可分为手动除颤和自动除颤。

（一）手动除颤术

使用手动除颤仪实施的电除颤。

【目的】　消除心室颤动，恢复窦性心律。

【用物】

治疗车上层：除颤仪、导电糊（或治疗碗内置盐水纱布 2 块）、酒精纱布及干纱布若干、记录本、手消毒液，必要时备电源插线板。

治疗车下层：医疗废物垃圾桶、生活垃圾桶。

【操作程序】

评估	1. 患者：脉搏、呼吸、意识状态，心电图表现。
准备	2. 除颤仪：开机检查除颤仪，功能完好，电量充足，连线正常，电极板完好。 3. 患者：摆放复苏体位，暴露胸部，检查胸壁皮肤情况，清洁干燥胸部皮肤，取下身体上金属物件。
除颤	4. 确认室颤：除颤仪选择监护模式，电极分别置于右锁骨中线下、左腋中线第5肋间，紧贴胸壁，观察心电波形确认心室颤动。 5. 仪器设置：除颤仪选择除颤模式；确认非同步方式；选择除颤能量：单相波360J，直线双相波120J，双相指数截断波150～200J。 6. 电极板均匀涂布导电糊。 7. 放置电极板："STERNUM"电极板（胸骨电极板）上缘置于右锁骨中线下第2肋间，"APEX"电极板（心尖电极板）上缘置于左腋中线第4肋间（图13-12），与皮肤紧密接触，给予10～12kg压力。 8. 断开氧气及与患者连接的仪器设备，口令："请旁人离开"，充电。 9. 确认心电图仍为室颤。 10. 口令："放电让开"，双手拇指同时按压两个电极的红色按钮，放电。 11. 移开电极板，立即心肺复苏，评估心律。
整理处置	12. 协助患者取安全卧位，清洁胸壁皮肤，整理衣物，密切观察并记录生命体征。 13. 清洁及酒精纱布消毒电极板，电极板回位。 14. 整理处置用物，洗手。

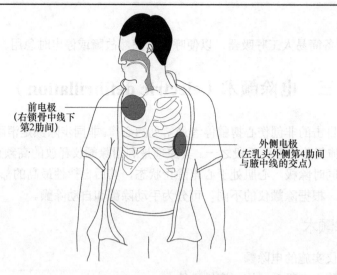

前电极
(右锁骨中线下
第2肋间)

外侧电极
(左乳头外侧第4肋间
与腋中线的交点)

图 13-12　电除颤部位

【评分细则】　见本章末尾表 13-7。

【注意事项】

1. 除颤仪等抢救物品需做好平时维护，保持性能完好。

2. 室颤发生后越快除颤成功率越高，超过 5min 由于心肌能量几乎耗尽，除颤后心肌也难以自行起搏。

3. 除颤时两电极板间距离应超过 10cm。

4. 若胸毛多，需备皮。

5. 消瘦、肋间隙明显凹陷而致电极与皮肤接触不良者，宜用多层盐水纱布置于电极板下，以改善皮肤与电极的接触。

6. 除颤仪到达之前需持续进行胸外心脏按压，除颤完成后若未恢复自主窦性心律，还须继续进行胸外心脏按压。

【案例分析】

冠心病监护病房中，一位 76 岁广泛前壁心肌梗死的男性患者，其心电监护突然报警，护士经心电图检查发现心室颤动波形。思考：护士该如何进行电除颤？

分析思路：①立即评估患者情况。②胸外按压，呼叫协助，准备除颤仪。③3min 内尽早行非同步除颤。

（二）自动除颤术

使用自动体外除颤器（automated external defibrillator，AED）实施的电除颤。

【目的】　消除心室颤动，恢复窦性心律。

【用物】　自动体外除颤仪及附件。

【操作程序】

评估	1. 患者：脉搏、呼吸、意识状态。

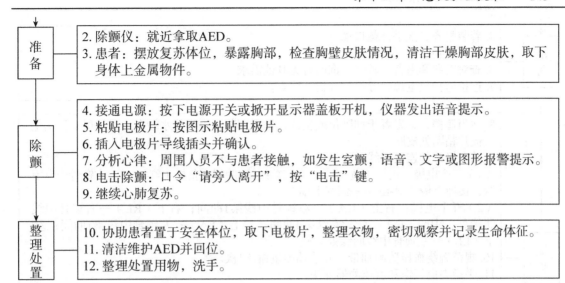

准备	2.除颤仪：就近拿取AED。 3.患者：摆放复苏体位，暴露胸部，检查胸壁皮肤情况，清洁干燥胸部皮肤，取下身体上金属物件。
除颤	4.接通电源：按下电源开关或掀开显示器盖板开机，仪器发出语音提示。 5.粘贴电极片：按图示粘贴电极片。 6.插入电极片导线插头并确认。 7.分析心律：周围人员不与患者接触，如发生室颤，语音、文字或图形报警提示。 8.电击除颤：口令"请旁人离开"，按"电击"键。 9.继续心肺复苏。
整理处置	10.协助患者置于安全体位，取下电极片，整理衣物，密切观察并记录生命体征。 11.清洁维护AED并回位。 12.整理处置用物，洗手。

【注意事项】

1. 勿将 AED 的电极片直接放置在药物治疗贴片上方进行除颤。

2. 左电极片应贴在乳房下方或侧面，避免电极片下有乳腺组织，否则会导致较高的经胸阻抗，衰减有效电击电流。

【案例分析】

患者，男，34 岁，在候机厅等候乘机时，突然倒地。思考：假如护士甲正好在现场，该如何进行现场急救？

分析思路：①立即评估。②请旁人呼救并拿取 AED。③心肺复苏，等待 AED 到位。④使用 AED。⑤持续心肺复苏，等待急救人员到来。

四、心电监护术（electrocardiogram monitoring）

心电监护术是通过电极和传感器收集人体的生理参数，经显示屏显示波形、文字等信息，对心电及生命体征等进行连续的无创监测。

【目的】　实时监测患者的心电图形、脉率、血压、呼吸、体温、血氧饱和度等生理参数，为治疗和护理提供依据。

【用物】

治疗车上层：医嘱单、心电监护仪、心电血压血氧饱和度插件连接导线、电极片、血压袖带、生理盐水纱布（或棉球）、手消毒液、记录本及笔，必要时备插线板。

治疗车下层：医疗废物垃圾桶、生活垃圾桶。

【操作程序】

评估	1.患者：生命体征、意识状态、合作程度、皮肤及指甲完整性、上肢活动情况等。 2.环境：无电磁干扰、温湿度适宜、环境宽敞明亮。 3.告知清醒患者及其家属，监测的目的、方法及注意事项。

准备	4. 着装整齐，洗手，戴口罩。 5. 备齐用物，携至床旁。 6. 查对医嘱和患者，解释，询问有无其他需求。 7. 连接监护仪电源及导线，开机，检查。
监护	8. 适当遮挡，置患者于仰卧位或坐位，暴露胸部，生理盐水纱布（或棉球）清洁电极片粘贴处皮肤。 9. 贴电极片并连接导线 （1）三个电极：正极（黄-黑）—左腋前线第4肋间；负极（红-白）—右锁骨中点下缘；接地电极（绿-红）—剑突下偏右。 （2）五个电极：右上（RA）—右锁骨中线第1肋间；右下（RL）—右锁骨中线肋缘处；中间（C）—胸骨左缘第4肋间；左上（LA）—左锁骨中线第1肋间；左下（LL）—左锁骨中线肋缘处。 10. 规范缠绕血压监测袖带，并手动测量血压1次。 11. 手指夹血氧饱和度监测器探头。 12. 整理衣物及连接导线。 13. 调整波形、波幅、波速，设定监测参数及报警上下限。 心率：实际心率基础上±5～20次/分。 血压：实际血压基础上±10～20mmHg。 呼吸：10～30次/分，当R>30次/分，上限酌情±5～10次/分。 SpO_2：实际SpO_2下降5%为下限，不可低于85%。 备注：危重或特殊患者，与经治医生共同协商报警值设置范围。
整理	14. 再次查对医嘱和患者，交代注意事项。 15. 整理处置用物，洗手。 16. 协助患者取舒适体位，密切观察并记录。

【评分细则】 见本章末尾表13-8。

【注意事项】

1. 监护仪周边不放置其他电子设备如手机等，避免电磁干扰。

2. 每天更换电极片及粘贴部位，并注意皮肤的清洁、消毒。

3. 血氧监测部位的指甲不能有任何染色物、指甲油、污垢或灰指甲；每1～2h更换手指，且血氧探头与血压测量分别在不同手臂进行。

4. 连续监护时，血压袖带应每班松解1～2次。

5. 连接线须归置稳妥，不得牵拉。

【案例分析】

王某，女，86岁，急性心肌梗死入院。思考：护士应如何监测其病情变化？

分析思路：①立即评估患者情况。②根据医嘱给予心电监护。③根据病情设置监护参数及报警值。④观察患者的病情变化，及时记录。

五、洗胃术（gastric lavage）

洗胃术是将适当成分的适量溶液经口服或由胃管注入胃内，利用反射性呕吐、负压吸引、虹吸作用等清洗胃腔，达到完全排净胃内容物而实施的技术。常用洗胃方式有口服催吐、胃管洗胃、胃造口洗胃。胃管洗胃又包括漏斗胃管洗胃、注洗器（或注射器）洗胃、电动吸引器洗胃、自动洗胃机洗胃等。

【目的】

1. 解毒：清除胃内毒物或刺激物，避免或减少毒物的吸收。

2. 减轻胃黏膜水肿：清除胃内潴留食物，减少对胃黏膜的刺激，减轻胃黏膜水肿和炎症。

3. 胃部手术或检查前准备。

【用物】

自动洗胃机及附件。

治疗车上层：医嘱单、无菌洗胃包（内有胃管、纱布、镊子、弯盘）、一次性无菌手套、治疗盘、液体石蜡、棉签、注射器、胶布、治疗巾、量杯、压舌板、检验标本容器、弯盘、纸巾、听诊器、手套、洗胃液、防水围裙或橡胶单，必要时开口器、舌钳、牙垫。

治疗车下层：医疗废物垃圾桶、生活垃圾桶、锐器收集盒、污水收集容器。

【操作程序】

评估	1. 患者：生命体征、意识状态、配合能力、有无禁忌证等情况。 2. 毒物：根据毒物种类选择恰当洗胃液。 3. 根据患者情况及现场条件确定洗胃方式。
准备	4. 着装整齐，洗手，戴口罩。 5. 备齐用物，携至床旁。 6. 查对医嘱和患者，解释，询问有无其他需求。 7. 检查洗胃机，准备洗胃液，温度25～38℃。
自动洗胃机洗胃	8. 体位：坐位或半卧位，中毒较重者左侧卧位，昏迷者去枕仰卧位头偏一侧。 9. 检查和清洁鼻腔或口腔，从口腔插管者取下活动义齿。 10. 系围裙或橡胶单，置弯盘。 11. 洗手、戴一次性无菌手套，插胃管，验证胃管在胃内，胶布固定。 12. 连接洗胃机管道，调节参数，灌入量每次成人300～500ml、小儿100～200ml。 13. 洗胃：①按"手吸"键吸尽胃内容物。②按"自动"键进行自动冲洗，直到洗出液澄清无味为止。 14. 术中观察：①生命体征和腹部情况；②洗胃液进出量；③吸出液的性质、颜色、气味。 15. 分离胃管和洗胃机，反折胃管拔出。
整理	16. 再次查对医嘱和患者，交代注意事项。 17. 清洁患者面部，协助漱口，安置舒适体位，必要时心理护理。 18. 整理处置用物，脱手套，洗手。 19. 观察，记录。

【评分细则】 见本章末尾表 13-9。

【注意事项】

1. 插胃管时动作轻柔，勿损伤食管黏膜。

2. 洗胃必须先吐出或吸出胃内容物再灌入液体。

3. 洗胃过程中如有腹痛、引出液呈血性、休克表现等应立即停止操作，报告医生，采取相应的急救措施。

4. 洗胃过程中须保持患者呼吸道通畅。

5. 准确记录灌洗液的名称、液量，洗出液的量、颜色、气味等。

6. 毒物不明时，先抽取胃内容物送检，并用温开水洗胃。

7. 幽门梗阻者，洗胃宜在饭后 4～6h 或空腹时进行，并记录胃内潴留量。

8. 吞服强酸、强碱等腐蚀性物质者，切忌洗胃。

【案例分析】

患者张某，女，22 岁，因失恋服毒自杀，被家人发现后立即送至医院急救。思考：护士在接到患者后应如何进行洗胃？

分析思路：①立即评估及判断患者情况。②确定毒物及洗胃方法。③实施洗胃术。④配合医生进行后续治疗及心理护理。

评分细则

表 13-1　单人徒手成人心肺复苏术评分表

姓名：_____　　　学号：_____　　　成绩：_____

项目	时间	流程	技术要求	分值	扣分
评估准备		仪表	着装，去除手上饰物		
		备物	少 1 件扣 0.5 分		
		判断	环境：院外需观察环境安全 患者情况：拍打肩部、呼叫，观察脉搏、呼吸（6～10s）		
		呼救、计时	口述时间		
胸外按压	时间 4min，超过 10s 扣 0.5 分	垫板、解衣	必要时垫板，院外查地面平整情况	任何错误（漏做、做错、不符标准、关键程序颠倒）每次扣 1 分；无效按压及吹气，每次扣 0.2 分	
		按压	掌根置两乳头连线与胸骨相交处或剑突上 4～5cm，臂与胸骨垂直		
			有节奏、报数		
			掌不离胸，按压深度 5～6cm；按压：放松=1：1；放松时身体不靠压在患者胸上		
			频率 100～120 次/分，15～18s 完成 30 次按压		
			5 轮共按压 150 次		
人工呼吸		检查清理气道	检查口鼻，头偏一侧清除异物，必要时取下活动义齿		
		通畅气道	院内去枕仰卧		
			通畅气道（压额抬颏、托下颌法）		
		人工呼吸	捏鼻、开口、吹气（1s）2 次、观察		
			移口松鼻、观察		
			按压：吹气=30：2，5 轮共吹气 10 次		
复苏后		有效判断	（口述）呼吸、脉搏、瞳孔、黏膜、意识、血压、心电图，记录停止抢救时间		
		恢复体位	复苏后体位		
		整理	整理用物，洗手		
其他		程序	原则步骤颠倒 1 次扣 1 分		
		动作	迅速、准确		
		机动			
总分				100	

操作时间：_____　　　监考人：_____

表 13-2 单人面罩-呼吸囊通气评分表

姓名：_____ 　　　学号：_____ 　　　成绩：_____

项目	时间	流程	技术要求	分值	扣分
评估准备		仪表		2	
		备物	少一件扣 0.5	2	
		检查呼吸器及配件性能	面罩、阀门、气囊及贮氧袋	6	
	时间2min，超过10s 扣0.5 分	评估环境安全评估患者呼吸、脉搏、意识，适用面罩-呼吸囊型号		6	
通气		戴一次性无菌手套		2	
		检查清理呼吸道	口鼻分泌物、气道异物、活动义齿	6	
		去枕仰卧，松衣领、解裤带		6	
		连接面罩，呼吸囊及氧气		10	
		调节氧气流量	8～10 L/min	4	
		打开气道		6	
		"CE"手法固定面罩	无漏气	15	
		挤压呼吸囊	手法、送气量、频率	15	
		观察呼吸，判断有效性	胸廓起伏，缺氧改善	6	
整理		恢复体位		4	
		整理处置，脱手套，洗手		4	
其他		程序	原则步骤颠倒 1 次扣 1 分	2	
		动作	迅速、准确	2	
		机动		2	
总分				100	

操作时间：_____ 　　　监考人：_____

表 13-3　经口明视气管插管术评分表

姓名：_____　　　　学号：_____　　　　成绩：_____

项目	时间	流程	技术要求	分值	扣分
评估准备		评估患者情况，评估用物情况	适应证、意识、呼吸、张口度，导管型号、喉镜等	4	
		着装、洗手、戴口罩	衣帽整齐、规范	4	
		用物准备、导管塑形	少备 1 件扣 0.5 分	8	
		查对、解释		2	
		摆放体位，开放气道	口、咽、气管在一条直线	6	
		清理	口鼻分泌物、去除活动义齿	2	
		简易呼吸器正压供氧		4	
插管	时间 3min，超过 10s 扣 0.5 分	洗手，戴一次性无菌手套		4	
		张口、打开喉镜	保护口唇及牙齿	4	
		插入喉镜、暴露声门	右侧口角置入口腔	10	
		插入气管导管过声门		10	
		拔出导丝，插管到位	再入 3～5cm	8	
		放置牙垫、取出喉镜		4	
		放平头部		2	
		验证导管位置		4	
		气囊充气	缓慢注入 5～10ml	4	
		固定	固定插管及牙垫	4	
		整理，脱手套，洗手	整理用物和床单位	4	
		观察和记录		2	
其他		污染	污染 1 次扣 2 分		
		程序	原则步骤颠倒 1 次扣 1 分	4	
		动作	轻、准、稳	2	
		机动		4	
总分				100	

操作时间：_____　　　　监考人：_____

表 13-4　喉罩通气操作评分表

姓名：_____　　　　　　学号：_____　　　　　　成绩：_____

项目	时间	流程	技术要求	分值	扣分
评估准备		评估患者情况	适应证、呼吸、意识、头颈活动度、张口度、松动牙齿、甲颏距离、咽喉状况，喉罩类型及型号	6	
		着装、洗手、戴口罩	衣帽整齐、规范	4	
		用物准备、检查塑形喉罩	少备 1 件扣 0.5 分	4	
		润滑喉罩		6	
插管	时间 2min，超过 10s 扣 0.5 分	摆放体位、头后仰	口轴线和喉轴线角度＞90°	8	
		洗手、戴一次性无菌手套，打开口腔		4	
		置入喉罩		8	
		下推到位	手法正确	18	
		套囊内注入空气	剂量正确	6	
		确认喉罩位置		6	
		固定导管		6	
		连接呼吸器		4	
		放平头部		4	
		整理，脱手套，洗手	整理用物和床单位	4	
		观察和记录		2	
其他		污染	污染 1 次扣 2 分		
		程序	原则步骤颠倒 1 次扣 1 分	4	
		动作	轻、准、稳	2	
		机动		4	
总分				100	

操作时间：_____　　　　　　监考人：_____

表 13-5　环甲膜穿刺操作评分表

姓名：_____　　　　学号：_____　　　　成绩：_____

项目	时间	流程	技术要求	分值	扣分
评估准备		评估患者情况	呼吸、意识状态，气道梗阻部位，所处环境，穿刺针类型	6	
		着装，洗手，戴口罩	衣帽整齐、规范	2	
		查对，解释，签字	必要时签知情同意书	2	
		用物准备	少备 1 件扣 0.5 分	2	
穿刺	时间 2min，超过 10s 扣 0.5 分	摆放体位	去枕垫肩，头后仰，拉直气道	6	
		定位穿刺点	甲状软骨下缘与环状软骨上缘间正中线上柔软处	10	
		消毒皮肤	穿刺点为中心 15cm，2～3 次	6	
		戴无菌手套		4	
		检查、连接穿刺针		6	
		固定穿刺	90°或 45°进针，退出针心，推入套管	20	
		确认在气管内		8	
		固定穿刺针		4	
		连接呼吸器		4	
		放平头部		4	
		整理处置用物，脱手套，洗手		4	
		观察和记录		2	
其他		污染	污染 1 次扣 2 分		
		动作	轻、准、稳	4	
		程序	原则步骤颠倒 1 次扣 1 分	2	
		机动		4	
总分				100	

操作时间：_____　　　　　　　监考人：_____

表 13-6 有创呼吸机使用评分表

姓名：_____ 　　　　　学号：_____ 　　　　　成绩：_____

项目	时间	流程	技术要求	分值	扣分
评估准备		着装，洗手，戴口罩	衣帽整齐	2	
		评估环境及患者			
		备物	少一件扣 0.5 分	5	
		操作前查对、解释目的	医嘱、患者	2	
		协助患者取合适体位，抬高床头 30°～45°		2	
连接呼吸机	时间 5min，超过 10s 扣 0.5 分	湿化罐内装灭菌注射用水至刻度		6	
		安装湿化罐于加温装置上		5	
		连接呼吸机管道至相应接口，固定管道，使集水瓶处于最低位	连接错误全扣	15	
		连接呼吸机及湿化罐电源，气源（压缩空气、氧气）		10	
		打开主机，呼吸机开始自检	进行安全性能及氧电池、窒息通气监测	2	
		调节湿化罐温度		2	
		选择"成人"或"儿童"模式，根据医嘱设置呼吸机参数及报警界限		12	
		连接模拟肺检测呼吸机运行情况		2	
		操作中查对	医嘱、患者、呼吸机模式	4	
		将呼吸机管路与人工气道相连并固定		6	
		听诊两肺呼吸音，检查通气效果，监测呼吸机运行参数		6	
		再次核对患者，交代注意事项		4	
		洗手，记录管路的开始日期、呼吸机模式、呼吸机参数		5	
操作后		协助患者取安全、舒适体位		2	
		整理用物，洗手、记录		2	
其他		污染	污染 1 次扣 2 分		
		动作，注意人文关怀	轻、准、稳	4	
		程序	原则步骤颠倒 1 次扣 1 分	2	
总分				100	

操作时间：_____ 　　　　　监考人：_____

表 13-7　手动除颤术评分表

姓名：_____　　　　学号：_____　　　　成绩：_____

项目	时间	流程	技术要求	分值	扣分
评估准备		评估患者情况	脉搏，呼吸，意识状态，心电图	4	
		着装	衣帽整齐、规范	2	
		检查除颤仪	开机检查，功能，电量，连线，电极板	4	
		用物准备	少备 1 件扣 0.5 分	2	
除颤	时间 2min，超过 10s 扣 0.5 分	患者准备	复苏体位，暴露胸部，检查胸壁并清洁干燥皮肤，取下金属物	8	
		确认室颤	选择监护模式，电极贴胸，观察心电波形	6	
		除颤仪设置	选择除颤模式，确认非同步方式，选择能量	6	
		电极板均匀涂布导电糊		4	
		放置电极板	"STERNUM" 电极板上缘置于右锁骨中线下第 2 肋间，"APEX" 电极板上缘置于左腋中线第 4 肋间，与皮肤紧密接触，压力适当	8	
		充电	口令"请旁人离开"	8	
		确认心电图		6	
		放电	口令"放电让开"。双手拇指同时按压两个电极的放电按钮	8	
		心肺复苏	口述"立即心肺复苏"，评估心律	6	
		关机	除颤成功后	2	
		患者整理	患者取安全卧位，清洁胸壁皮肤，整理衣物	6	
		除颤仪整理	清洁及酒精纱布消毒电极板，电极板回位	6	
		观察并记录	观察并记录生命体征	4	
其他		程序	原则步骤颠倒 1 次扣 1 分	4	
		动作	快、准、稳	2	
		机动		4	
总分				100	

操作时间：_____　　　　监考人：_____

表 13-8 心电监护术评分表

姓名： _____　　　　　　学号： _____　　　　　　成绩： _____

项目	时间	流程	技术要求	分值	扣分
评估准备		评估环境情况	有无电磁干扰、温度光线等	4	
		评估患者情况	病情、意识状态、合作程度，皮肤、指甲、上肢活动情况	10	
		告知患者或家属		4	
		着装，洗手，戴口罩		2	
		检查监护仪	监护仪连接电源及连接导线，开机，检查	6	
		用物准备	少备1件扣0.5分	2	
监护	时间5min，超过10s扣0.5分	查对、遮挡患者，仰卧或半卧位		10	
		患者准备	解释，暴露胸部，生理盐水纱布（或棉球）清洁电极片粘贴处皮肤	6	
		贴电极片并连接导线		10	
		规范缠绕血压监测袖带，并测压1次		6	
		手指夹血氧饱和度监测器探头		4	
		整理衣物及连接导线		4	
		调整波形、波幅、波速，设定监测参数及报警上下限		12	
		再次查对，交代注意事项		4	
		整理处置用物，洗手、记录		2	
		协助患者取舒适体位		4	
其他		程序	原则步骤颠倒1次扣1分	4	
		动作	快、准、稳	2	
		机动		4	
总分				100	

操作时间： _____　　　　　　　　　　监考人： _____

表 13-9　自动洗胃机洗胃术评分表

姓名：_____　　　学号：_____　　　成绩：_____

项目	时间	流程	技术要求	分值	扣分
评估准备		评估患者情况	生命体征、意识状态、配合能力、有无禁忌证	4	
		评估毒物	选择恰当洗胃液	2	
		确定洗胃方式		2	
		着装，洗手，戴口罩		2	
		用物准备	少备 1 件扣 0.5 分	2	
		查对，解释		4	
		检查洗胃机，连接管道		4	
灌洗	时间 6min，超过 10s 扣 0.5 分	调整体位		6	
		检查和清洁鼻腔或口腔		4	
		系围裙或橡胶单，置弯盘		2	
		洗手，戴一次性无菌手套		2	
		取胃管，查通畅		4	
		测量胃管长度		4	
		润滑胃管前段		2	
		自鼻腔或口腔插入胃管		10	
		验证胃管在胃内		6	
		胶布固定		2	
		灌洗	先出后入	10	
		术中观察		2	
整理		分离胃管和洗胃机		2	
		反折胃管拔出		4	
		再次查对，交代注意事项		2	
		安置患者		2	
		整理处置用物，脱手套，洗手		4	
		观察记录			
其他		程序	原则步骤颠倒 1 次扣 1 分	4	
		动作	轻、准、稳	4	
		机动		2	
总分				100	

操作时间：_____　　　　　　监考人：_____

第十四章　尸体护理技术

尸体护理是指人死亡后对其身体的照顾。维持良好的尸体外观是临终关怀和整体护理的重要内容，不仅是对死者的尊重，更是对死者家属的心灵安慰。

【目的】　尊重死者，保持尸体容貌端详、肢体舒展、清洁无异味、无渗液、易于辨认，以安慰家属。

【用物】

治疗车上层：治疗盘、弯盘（棉球、压舌板、血管钳）、剪刀、中单、尸单、衣裤、尸体识别卡3张、大头针、绷带、梳子、四头带、眼膏、松节油、棉签、一次性无菌手套、手消毒液，有伤口者备敷料、胶布，必要时备隔离衣。

治疗车下层：脸盆、毛巾、温水、污水桶、医疗废物垃圾桶、生活垃圾桶。

其他：酌情备屏风及平车。

【操作程序】

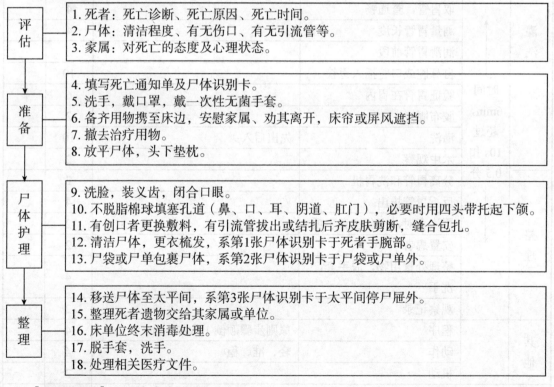

评估	1. 死者：死亡诊断、死亡原因、死亡时间。 2. 尸体：清洁程度、有无伤口、有无引流管等。 3. 家属：对死亡的态度及心理状态。
准备	4. 填写死亡通知单及尸体识别卡。 5. 洗手，戴口罩，戴一次性无菌手套。 6. 备齐用物携至床边，安慰家属、劝其离开，床帘或屏风遮挡。 7. 撤去治疗用物。 8. 放平尸体，头下垫枕。
尸体护理	9. 洗脸，装义齿，闭合口眼。 10. 不脱脂棉球填塞孔道（鼻、口、耳、阴道、肛门），必要时用四头带托起下颌。 11. 有创口者更换敷料，有引流管拔出或结扎后齐皮肤剪断，缝合包扎。 12. 清洁尸体，更衣梳发，系第1张尸体识别卡于死者手腕部。 13. 尸袋或尸单包裹尸体，系第2张尸体识别卡于尸袋或尸单外。
整理	14. 移送尸体至太平间，系第3张尸体识别卡于太平间停尸屉外。 15. 整理死者遗物交给其家属或单位。 16. 床单位终末消毒处理。 17. 脱手套，洗手。 18. 处理相关医疗文件。

【评分细则】　见本章末尾表14-1。

【注意事项】

1. 患者经抢救无效，医生开具死亡诊断书之后方能进行尸体护理。

2. 患者死亡后，应立即进行尸体护理，以防僵硬。

3. 填塞孔道的不脱脂棉球不能外露。

4. 患有传染病的死者，尸体护理按传染病患者进行终末消毒处理，包括：根据传染病类型穿戴个人防护用品；使用消毒液浸泡的棉球填塞各孔道；使用消毒液浸泡的双层尸单包裹尸体；使用双层尸袋装入尸体，并作出传染标识；对相关环境和物品进行终末消毒与处理。

5. 尸体处理过程中保持严肃、认真的态度，尊重死者，维持自身良好的职业道德与操守。

6. 与家属沟通时，保持足够的耐心、同情心与爱心，体现对死者家属的关心与体贴。

7. 家属不在场时，两人共同清点遗物，并将贵重物品列出清单交由护士长保管。

【案例分析】

患者，男，59 岁，以肝癌晚期入院。患者突发高热、意识不清，继而呼吸、心跳停止，心肺复苏无效后死亡。思考：护士在对其进行尸体护理时应注意什么？

分析思路：①评估死者的相关信息：死亡诊断、死亡原因、死亡时间、尸体状态及死者家属的心理状态等。②注意人文关怀，处理尸体时保持认真、严肃的工作态度，充分尊重死者，使用适合的语言关心安慰死者家属，给予适当的心理支持。③按照相关规章制度进行尸体护理，认真核对尸体识别卡与死者是否匹配，操作注意轻、准、稳，避免对尸体造成进一步损伤。④正确填写与处理相关医疗文件。

评分细则

表 14-1 尸体护理技术评分表

姓名：_____　　　　学号：_____　　　　成绩：_____

项目	时间	流程	技术要求	分值	扣分
评估准备		评估死者、尸体、家属	死亡诊断、尸体状态及家属心理	3	
		填写死亡通知单、尸体识别卡		4	
		安慰家属、劝其离开		4	
		着装、洗手、戴口罩、戴一次性无菌手套	必要时穿隔离衣	4	
		环境遮挡		2	
		撤治疗用物		2	
遗体护理	时间 30min，超过 10s 扣 0.5 分	放平尸体，头下垫枕		4	
		洗脸，装义齿，闭合口眼		3	
		不脱脂棉球填塞孔道	鼻、口、耳、阴道、肛门	10	
		四头带托起下颌		6	
		伤口包扎封闭		10	
		清洁尸体		4	
		更衣梳发		4	
		系第 1 张尸体识别卡于手腕部		4	
		尸袋或尸单包裹尸体		4	
		系第 2 张尸体识别卡于尸袋或尸单外		4	
		移送尸体到太平间		2	
整理		系第 3 张尸体识别卡于太平间停尸屉外		4	
		清点遗物		2	
		整理消毒床单位		2	
		处理相关医疗文件		2	
其他		态度严肃认真		4	
		程序	原则步骤颠倒 1 次扣 1 分	4	
		动作	轻、准、稳	4	
		机动		4	
总分				100	

操作时间：_____　　　　　　监考人：_____

木纹大理石

皮革软包

木质花格

爵士白大理石

皮革软包   雕花烤漆玻璃

软装运用 →

描金家具的运用，展现出欧式风格的奢华贵气。

米黄洞石　　　　雕花银镜

印花壁纸　　　　　　　　中花白大理石

色彩搭配 ←

白色的运用尽显现代欧式风格的柔美，紫红色的点缀则彰显色彩的层次感。

米黄大理石

皮革软包

图书在版编目（CIP）数据

2019客厅精选图鉴.奢华欧式风格/锐扬图书编.—福州：福建科学技术出版社，2019.1
ISBN 978-7-5335-5718-8

Ⅰ.①2… Ⅱ.①锐… Ⅲ.①住宅-客厅-室内装饰设计-图集 Ⅳ.① TU241-64

中国版本图书馆 CIP 数据核字（2018）第 243120 号

书　　名	2019客厅精选图鉴　奢华欧式风格
编　　者	锐扬图书
出版发行	福建科学技术出版社
社　　址	福州市东水路 76 号（邮编 350001）
网　　址	www.fjstp.com
经　　销	福建新华发行（集团）有限责任公司
印　　刷	福建新华印刷有限责任公司
开　　本	889 毫米 ×1194 毫米　1/16
印　　张	6
图　　文	96 码
版　　次	2019 年 1 月第 1 版
印　　次	2019 年 1 月第 1 次印刷
书　　号	ISBN 978-7-5335-5718-8
定　　价	39.80 元

书中如有印装质量问题，可直接向本社调换

2019 客厅

精·选·图·鉴

奢华欧式风格

锐扬图书 编

海峡出版发行集团
THE STRAITS PUBLISHING & DISTRIBUTING GROUP
福建科学技术出版社
FUJIAN SCIENCE & TECHNOLOGY PUBLISHING HOUSE

传统欧式风格的特点

　　传统欧式风格起源于古希腊和古罗马，也包括部分古波斯的装饰风格。传统欧式装饰风格的精髓是奢华，它继承了巴洛克风格中豪华、动感、多变的视觉效果，也汲取了洛可可风格中唯美、律动的细节处理元素，受到很多人的青睐。传统欧式风格的地面一般采用名贵的大理石或花岗石，局部用地毯装饰。过去欧洲宫廷装饰的墙面多采用软包工艺，现在则多以壁纸、壁布或护墙板替代。传统欧式风格家具主要采用名贵的柚木、桃花心木、沙比利木、樱桃木等，并以丝绒等软包处理，灯具则用名贵的全铜吊灯或水晶灯。在传统欧式风格的客厅中，大量使用罗马柱、浮雕、描金彩绘等奢侈的装饰工艺，使人感到豪华热烈、富丽堂皇。

欧式花边地毯

皮革硬包

软装运用 ➜
卷边扶手沙发凸显古典欧式风格的奢华与精致。

皮革硬包

白色玻化砖

白枫木装饰线

印花壁纸

软装运用 ◄

深色调的家具沉淀了客厅的视觉效果，描金装饰给人一种高端大气的贵族气息。

木纹大理石

色彩搭配 ◄

金色+白色+暗红色，尽显古典风格的奢华大气。

有色乳胶漆

印花壁纸

材料搭配 ◄

壁纸、乳胶漆与石材的搭配冷暖适宜，使空间的硬装搭配显得更加和谐。

红橡木饰面板　　　　　白色人造大理石

软装运用 ➜

弯腿实木家具的精美雕花，是整个客厅中最能突出风格特点的装饰。

装饰茶镜　　　　　　　　　　　　　印花壁纸

布艺硬包

色彩搭配 ◀

紫红色沙发增强了配色的层次，营造出富丽堂皇的家居氛围。

黑白根大理石　　　　　　　　　　印花壁纸

软装运用 ◀

装饰画、水晶灯、皮革沙发、实木家具都有可能成为点睛之笔，给人一种高端大气之感。

材料搭配 →

石材与木质格栅的运用，让空间的硬装搭配和谐又有层次感。

米黄大理石

米色大理石

车边茶镜

皮革软包

金箔壁纸

米色人造大理石

艺术地毯

车边银镜

皮革软包

软装运用 ◀

实木家具的描金处理，让家具更显质感，提升了整个空间的气质。

艺术地毯　　　　　　　　　　啡金花大理石波打线

印花壁纸　　　　　　　　　　　印花壁纸

传统欧式风格的常用元素

　　欧式风格常用曲线，注重细节，较适用于面积较大的客厅。欧式风格常用的装饰元素如下。

　　1. 罗马柱。罗马柱是欧式风格最常用、最典型的元素。爱奥尼克式罗马柱拥有纤细的柱身和精致的曲线，应用最为广泛。

　　2. 腰线。欧式古典风格腰线以下常用软包装饰，现代家庭则多使用护墙板。

　　3. 壁炉。壁炉在较大的户型，尤其是别墅中比较常用。客厅面积较小的话，用壁炉装饰反而容易显得窘迫。

　　4. 精美的枝形吊灯或水晶灯。枝形吊灯，尤其是铜质的枝形吊灯或水晶灯是欧式风格不可或缺的元素，流光溢彩的效果是欧式奢华完美的诠释。

米色人造大理石

镜面马赛克

木纹玻化砖   米色大理石

软装运用 ◀

铜质吊灯与复古家具，呈现出一
派奢华的视觉效果。

色彩搭配 ➡

棕色与米色的搭配让欧式风格
客厅更显稳重与大气。

米黄色玻化砖

木质花格

深啡网纹大理石

软装运用 ◄
精美的花卉为空间注入一份柔美的视觉感受，同时也提升了配色层次。

米色大理石

装饰壁布

色彩搭配 →
白色为背景色的空间内，少量的蓝色的运用让空间更显清新，氛围更加活跃。

米黄洞石

米色大理石

艺术地毯　　　　　　　　　　　　　　　　　　木质隔板

皮革硬包　　　　　皮革软包

米黄大理石　　　　　　　　　　　　　　　　金箔壁纸

仿古砖

米色网纹大理石

米白色大理石

白枫木装饰线

浅啡网纹大理石

大理石拼花波打线

软装运用 ◄
暖色调的灯饰为沉稳的空间增
添了一份柔和的美感。

软装运用 →

宽大的布艺沙发让客厅尽显舒适与奢华。

雕花茶镜　　　　　　欧式花边地毯

材料搭配 →

大量的白色木饰面板、壁纸及石材的搭配，尽显欧式的奢华气质。

米色大理石　　　　　　肌理壁纸

米白色大理石

米黄大理石

软装运用 ◄

描金处理的家具给人一种高端大气的视觉感受，彰显了古典主义风格的特点。

印花壁纸　　　　　　　　　　　　　　　米黄色大理石

印花壁纸

印花壁纸

爵士白大理石

米黄大理石

简欧风格的特点

简欧风格即是简化了的欧式装修风格。欧洲文化有丰富的艺术底蕴，欧式装修开放、创新的设计思想及其尊贵的姿容，一直以来颇受众人喜爱与追求，也是住宅装修最为流行的风格。简欧风格从整体到局部都给人一丝不苟的印象，它一方面保留了材质、色彩的大致风格，仍然可以很强烈地感受传统的历史痕迹与浑厚的文化底蕴，同时又摒弃了过于复杂的肌理和装饰，简化了线条。

材料搭配 ➡

大量石材的运用彰显了欧式风格的奢华与大气。

中花白大理石

米色抛光砖　　　　　　　　　印花壁纸

色彩搭配 ⬅

暗暖色让客厅更有归属感，也更彰显欧式风格的低调奢华。

米色人造大理石

软装运用 ◄

高靠背的沙发座椅彰显了古典
风格家具线条优美、造型精致
的特点。

金箔壁纸

印花壁纸

材料搭配 ◄

卷草图案壁纸让墙面装饰更加
丰富，更能呈现欧式风格柔美、
精致的一面。

红橡木金刚板

米色玻化砖

米色大理石　　　　订制墙砖

色彩搭配 ◀

以白色和米色作为底色，彰显了
现代欧式风格的配色特点。

雕花灰镜　　　　　　　　皮革软包

雕花茶镜　　　白色人造大理石

材料搭配 →

石材与玻璃的运用，让电视墙的
造型设计与色彩搭配都很有层
次感。

软装运用 ◀

暗红色的沙发坐墩成为客厅装
饰的一个亮点，让空间色彩不那
么单调。

印花壁纸　　　　　　　　　　　米黄大理石

米色人造大理石　　　　　　　　　　　　印花壁纸

材料搭配 ▶

镜面与石材的搭配，为现代欧
式风格空间增添了一份通透的
美感。

黑色烤漆玻璃　　　　　　　　　　　皮革软包

软装运用 →

实木弯腿家具的运用为客厅增添了一份复古情怀。

印花壁纸

金箔壁纸

浅啡网纹大理石

车边茶镜

密度板拓缝

雕花银镜

黑白根大理石波打线

米黄色网纹理石

印花壁纸

软装运用 ◀

深色家具的运用,让空间更显沉稳大气。

印花壁纸

色彩搭配 ◀

一抹蓝色的点缀搭配,为欧式风格空间增添了一份浪漫情怀。

如何通过颜色让客厅更有层次感

　　墙面配色不得超过三种，否则会显得很凌乱。金色、银色在居室装修中是万能色，也是传统欧式风格装修最常用的，可以与任何颜色搭配。用颜色营造居室的层次效果，通用的原则是墙浅、地中、家具深，或者是墙中、地深、家具浅。此外，小房子若想制造简约、明快的家居品位，就不要选用那些印有大花小花的东西，比如壁纸、窗帘等，尽量用纯色设计，增加居室空间感。天花板的颜色应浅于墙面，或与墙面同色，否则居住其间的人会有"头重脚轻"的感觉，时间长了，甚至会产生呼吸困难的错觉。

软装运用 →

罗马布艺窗帘既能调节空间采光，又有良好的装饰效果。

装饰硬包　　　　　　　　　　　　　红橡木金刚板

车边银镜

米黄大理石

米色人造大理石

装饰茶镜

印花壁纸

布艺软包

中花白大理石

布艺软包

软装运用 →

水晶吊灯烘托出欧式风格浪漫
与奢华的美感。

印花壁纸　　　　　　　　　　　　白色亚光地砖

金箔壁纸　　　　　　白枫木装饰线

材料搭配 ◄

金箔壁纸的运用彰显了古典欧
式风格富丽堂皇的视觉效果。

印花壁纸

皮革软包

印花壁纸

陶瓷马赛克

米色玻化砖

云纹大理石

软装运用 ◄

米色布艺沙发让客厅空间显得
更加温馨舒适。

中花白大理石

车边银镜

材料搭配 ◄

弯腿家具的运用，为空间呈现
了法式风格的浪漫与纤秀的
美感。

金箔壁纸

米色网纹玻化砖

米色人造大理石

皮革软包

白枫木装饰线

铁锈黄网纹大理石

装饰壁布　　　　　　　　　　　　印花壁纸

色彩搭配 ◄

金色+白色+米色+暗暖色的色
彩搭配，色彩层次分明，呈现出
欧式风格的华丽与大气。

材料搭配 ➔

木饰面板的运用让墙面设计造
型更加丰富，更有立体感。

印花壁纸　　　　　　　　　　　深啡网纹大理石波打线

车边银镜

陶瓷马赛克

欧式电视墙的软包设计

在欧式电视墙设计中，软包经常被用到。软包背景墙相比大理石背景墙或木饰面板背景墙，给人的感觉更奢华，更符合欧式装饰风格，尤其是古典欧式风格的特点。软包电视墙色彩柔和、质地柔软、吸音隔音、防潮防撞，能够很好地柔化整个空间氛围，提升客厅装饰的立体感和层次感。

通常所讲的软包设计其实包括了软包和硬包两种工艺。软包的芯材是海绵，外面用皮革装饰，凹凸感比较强，完成后呈现出大量的弧线，手感柔韧，给人温馨、浪漫的感觉。硬包的芯材一般是高密度板，表面也用皮革装饰，手感硬朗，完成后的造型相对以直线为主，透露出一种典雅的感觉。

雕花银镜

皮革硬包

材料搭配 ➜
软包是欧式风格中最常用的装饰材料，既能起到吸声作用，又有良好的装饰效果。

布艺软包

米黄洞石

米色无缝玻化砖　　　　　　　　　　　　　　　　　　红樱桃木饰面板

木纹壁纸

印花壁纸

白枫木装饰线

米黄色网纹玻化砖

印花壁纸

实木雕花描金

条纹壁纸

印花壁纸

软装运用 ◄

弯腿实木家具的金漆处理，将欧式风格的奢华做派表现得淋漓尽致。

金箔壁纸

装饰壁布

色彩搭配 ➜

金色+米色+白色的搭配尽显奢华，少量绿色的点缀，给人带来一份清新的视觉感受。

木纹大理石

车边银镜　　　布艺软包

雕花茶镜

艺术地毯

印花壁纸

材料搭配 →

复古的壁纸图案彰显了欧式风格的文化底蕴。

印花壁纸

雕花银镜

皮革软包

印花壁纸

软装运用 ←

兽腿家具的运用, 很能展现欧式古典风格的特点与品位。

白枫木格栅　　　　　　　　　　浅青网纹大理石

软装运用 ◄

宽大的布艺沙发经过描金木质
雕花的修饰，更显精致奢华。

中花白大理石　　　　　　　　　木质花格贴黑镜

材料搭配 ◄

木质花格与镜面的搭配，彰显了
现代欧式风格硬装设计的精致
与大气。

浅啡网纹大理石　　　　　　　　印花壁纸

色彩搭配 ◄

大地色的运用，让空间的基调更
加沉稳，更有层次。

软装运用 ➜

宽大的欧式沙发,造型精致,色调古朴,是客厅中的搭配亮点。

印花壁纸　　　　　　　　　　　　装饰银镜

色彩搭配 ➜

华丽的色彩点缀出欧式风格华丽贵气的一面,也让空间配色更有层次感。

木纹亚光地砖

布艺硬包

米黄网纹大理石

软装运用 ◄

复古的吊灯，让客厅空间的氛围
更加温馨、雅致。

印花壁纸　　　　　　　艺术地毯

白色乳胶漆　　　　　　　　　　　　　金箔壁纸

木纹玻化砖　　　　　　　　　　　　艺术地毯

如何合理设计客厅照明

客厅是室内最大的休闲、活动空间，要求场地明亮而舒适，一般会运用主照明和辅助照明相互搭配的方式来营造空间氛围。主照明常用吊灯或吸顶灯，使用时需注意上下空间的亮度要均匀，否则会使客厅显得阴暗，使人不舒服。另外，也可以在客厅周围增加隐藏的光源，如在吊顶上安装隐藏式灯槽，可以使客厅空间显得更为高挑。

客厅的灯光多以黄光为主，光源色温最好在2800～3000K。也可考虑将白光及黄光互相搭配，借由光影的层次变化调配出不同的空间氛围。

客厅的辅助照明设施主要是落地灯和台灯，它们是局部照明以及加强空间造型最理想的灯具。沙发旁边的台灯光线要柔和，最好用落地灯作为阅读灯。受限于电源位置，落地灯的位置最好设计在一个固定的区域中。

软装运用

灯饰、布艺、家具等软装元素，它们精美的造型及质感，给人带来奢华的视觉感受。

米黄网纹大理石

布艺软包

米黄色网纹玻化砖

米黄大理石

布艺软包

软装运用 →

精致的艺术地毯成为客厅装饰
的亮点，给富有古典韵味的空间
增添了一份现代气息。

印花壁纸　　　　　艺术地毯

石膏装饰线　　　　仿古砖

色彩搭配 ←

上浅下深的空间配色，让客厅的
基调更加沉稳，更能凸显古典主
义风格的色彩特点。

印花壁纸

陶瓷马赛克

米色网纹大理石

米黄大理石

软装运用 →

客厅中灯饰的设计精美，造型古朴，为客厅营造出一个温馨、浪漫的空间氛围。

皮革硬包

米黄大理石

欧式花边地毯

米黄大理石

印花壁纸

木质花格   印花壁纸

色彩搭配 →

高贵的紫色与金色，展现出欧式风格华丽的色彩印象。

车边银镜

白色乳胶漆

石膏雕花

米黄大理石

软装运用 ←

兽腿家具的雕花精致美观，展现了欧式风格的精致品位。

装饰灰镜

印花壁纸

皮革硬包

米白色人造大理石

印花壁纸

中花白大理石

色彩搭配 ←

紫色+白色+黑色的色彩搭配,打造出欧式风格温馨浪漫的空间氛围。

木质装饰线描银

米黄大理石波打线

软装运用 ←

兽腿家具的描金处理,呈现出欧式风格富丽堂皇的特点。

客厅主要使用什么灯具

　　装饰性吊灯、吸顶灯、嵌入式灯与壁灯组合使用，是客厅中常用的照明方式。如果要营造居家沉稳之感，可将亮光部分置于低处；如果客厅的空间较大，可在角落处放置落地灯，以便在夜间增加照明；如果想让客厅显现出华丽的气氛，可用水晶吊灯等向下投射的绚烂灯光加以装饰；如果客厅的用电时间较长，为了节能，宜使用节能灯。

软装运用 →

皮质沙发的运用，展现出现代欧式风格的奢华与大气。

黑金花大理石

皮纹砖

米黄色网纹玻化砖

装饰银镜 米黄大理石

皮革硬包

爵士白大理石

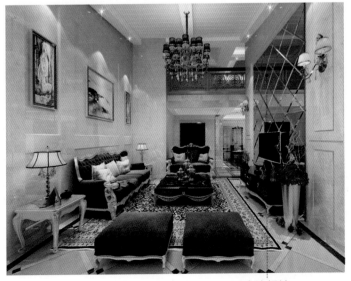

车边银镜

布艺软包

印花壁纸

米黄色网纹玻化砖

软装运用 →

描金实木雕花家具是整个客厅
装饰搭配的亮点，完美地展现出
欧式的奢华美。

金箔壁纸

木纹大理石

水曲柳饰面板

中花白大理石

材料搭配 ◄

通过石材奢华大气的纹理，让客
厅的硬装更显精致。

印花壁纸

米黄大理石

印花壁纸　　　　　　　　欧式花边地毯

软装运用 ◄

茶几与电视柜采用了古典款式，精美的雕花与描金处理，彰显了欧式风格的高贵典雅。

材料搭配 ◄

地面采用亚光地砖作为装饰材料，加强了空间搭配的舒适感。

米色网纹亚光玻化砖　　　　　　　　有色乳胶漆

红橡木金刚板 印花壁纸

米色网纹大理石 云纹大理石

米黄色人造大理石 车边银镜

印花壁纸

陶瓷马赛克

软装运用 ◀

白色皮质沙发，让现代欧式风格
客厅显得更加简洁大气。

布艺软包

仿岩涂料

材料搭配 ◀

布艺软包为空间提供色彩的层
次，也增强了空间的舒适感。

印花壁纸

米白色网纹大理石

色彩搭配 ◀

金属+米色+白色的色彩搭配，
展现出欧式风格的奢华与贵气，
少量绿色的点缀则为空间注入
一份自然的气息。

层高较高的客厅如何搭配灯饰

　　层高较高的房间，宜用三叉到五叉的白炽吊灯，或一个较大的圆形吊灯，这样可以使客厅显得大气。比如室内空间高度为 2.6 ~ 2.8 米，那么吊灯的垂线长度就不能大于 30 厘米,否则就会显得不协调。不宜用全部向下配光的吊灯，可用少数灯光打在墙上反射照明的方法，来缩小上下空间亮度的差别。习惯在客厅活动的人，客厅空间的落地灯和台灯就应以装饰为主，功能性为辅。落地灯和台灯是搭配各个空间的辅助光源，为了便于与空间协调搭配，造型太奇特的灯具不适宜。

软装运用 ➡

蓝色的布艺沙发单人座椅，给人带来一份浪漫的气息，也让空间搭配显得更加活泼。

印花壁纸　　　　　　　　　　　　　米色大理石

艺术地毯

米黄色网纹大理石

浅啡网纹大理石　　　　　　　　　　　　　　　　　　　皮革硬包

中花白大理石

米色玻化砖

米黄色人造大理石

车边银镜

皮革软包

铁锈黄大理石

软装运用 →
白色家具的运用彰显了现代欧
式风格简洁大气的一面。

爵士白大理石   金箔壁纸

米黄网纹大理石   有色乳胶漆

材料搭配 ←
米黄色大理石的色泽温润，纹理
清晰自然，为客厅提供了一份温
馨舒适的背景氛围。

白枫木装饰线   米黄大理石

印花壁纸

白枫木装饰线

实木雕花

米色网纹大理石

艺术地毯

米色网纹大理石波打线

布艺软包

水曲柳饰面板

布艺软包

米黄色网纹人造墙砖

软装运用 ◀

弯腿家具的设计以金色、棕色为主色调，提升了整个空间气质。

印花壁纸

材料搭配 ◀

描金的装饰罗马柱，展现出欧式风格设计的巧思与精致。

布艺硬包   布艺软包

色彩搭配 ◀

少量的蓝色点缀出欧式风格富丽华贵的色彩氛围。

如何选用合适的射灯

如何选用合适的射灯是室内装修中的重要环节，在选择时应注意以下两点。

1. 射灯的电压。射灯有高压、低压两种类型，在一般家庭装修中建议选择低压射灯，因为低压射灯使用寿命较长，光效较好。

2. 射灯的色温。不同的射灯，其色温也不相同。在选择时应考虑色温与居室整体色调的协调度。如果需要用射灯照射深颜色物体，就选用低色温射灯，反之则选用高色温射灯。

米色人造大理石

印花壁纸

色彩搭配 ➡
蓝色+紫红色的搭配点缀，展现出古典欧式的华丽。

仿洞石地砖

有色乳胶漆

印花壁纸 装饰茶镜

软装运用 ←
白色木质电视柜的镶金处
理，彰显出欧式风格家具
的精致与别具匠心。

印花壁纸

米白色玻化砖

米色网纹玻化砖

艺术地毯

材料搭配 →

地面深色石材的运用让空间的
色彩基调更加稳重,让视觉效果
更加和谐。

啡金花大理石波打线　　　　　　　米黄色网纹亚光地砖

铁锈黄网纹大理石

米色大理石

陶瓷马赛克拼花

欧式花边地毯

米白色玻化砖

灰白色人造大理石

金箔壁纸

印花壁纸

米黄大理石

印花壁纸

米色网纹大理石

印花壁纸

直纹斑马木饰面板

石膏板雕花

布纹砖

米色人造大理石

米色抛光墙砖

皮革硬包

软装运用 ◀

深色家具的运用，沉淀了整个客厅的基调，彰显了古典主义的奢华品位。

啡金花大理石波打线

大理石踢脚线

米色网纹大理石

镜面马赛克

材料搭配 ▶

镜面马赛克的运用，让以大理石为主要装饰材料的墙面更有层次感。

固定灯具需注意哪些要点

　　固定灯具的螺钉或螺栓一般不得少于两个，但若绝缘台直径为 75 毫米及以下时，可采用 1 个螺钉或螺栓固定。固定花灯的吊钩，其圆钢直径不应小于灯具吊挂销、钩的直径，且不得小于 6 毫米。对大型花灯、吊装花灯的固定及悬吊装置，应按灯具重量的 1.25 倍做过载试验。灯具重量超过 3 千克时，要固定在螺栓或预埋吊钩上；灯具重量在 0.5 千克以下时，可采用软电线自身吊装；大于 0.5 千克的灯具要采用吊链，使电线不受力。灯具固定应牢固可靠，不得使用木楔。灯头的绝缘外壳不应有破损和漏电。

软装运用 →

华丽精美的地毯与精致的实木雕花家具，都给人带来一份奢华、贵气的视觉感受。

欧式花边地毯

皮革软包

米色网纹玻化砖

软装运用 ◄

浅灰色布艺沙发的运用, 为空间增添了一份舒适、安逸的感觉。

米黄大理石

茶镜装饰线

布艺软包

金箔壁纸

车边灰镜

中花白大理石

软装运用 →

客厅家具的造型精致古朴，加强了整个空间的古典韵味。

米色大理石　　　　　　　印花壁纸

色彩搭配 →

大地色是古典欧式风格的代表色，让整个客厅空间显得更加沉稳、有凝聚力。

红橡木金刚板　　　　　　皮革硬包

材料搭配 →

壁纸与石材的搭配，冷暖相宜，让客厅的墙面装饰更加和谐。

欧式花边地毯　　　　　　印花壁纸

条纹壁纸

米黄色玻化砖

肌理壁纸

车边银镜

中花白大理石

印花壁纸

软装运用 ◄

客厅中的描金家具是设计的亮点，尽显法式风格的精致与浪漫。

爵士白大理石

米黄色玻化砖

软装运用 ◀

造型优美的灯饰，让整个客厅空间的氛围更加温馨、舒适。

布艺硬包

材料搭配 ➡

大理石的复古造型，呈现了古典欧式风格的建筑特色。

有色乳胶漆　　　　　　米白玻化砖

红松木板吊顶　　　　　　　　　　印花壁纸

软装运用 ◄

精美的水晶吊灯，让客厅空间增添了一份浪漫的气息。

定向纤维板　　　　　　　　　　白枫木装饰线

色彩搭配 ◄

绿色与淡紫色的修饰点缀，再搭配白色与棕色，打造出法式田园风格的浪漫与清新。

彩色硅藻泥

材料搭配 ◄

木材与石材的搭配运用，两者在视觉上的相互调和，让客厅的硬装更加和谐。

布艺软包

米色人造大理石

车边银镜

啡金花大理石

米色大理石　　　　车边银镜

米黄色亚光玻化砖

车边灰镜

白枫木装饰线　　　　　　印花壁纸

软装运用 ◀

欧式花边地毯的运用,让客厅地面的装饰更加丰富,整体氛围更加温馨。

红樱桃木饰面板

材料搭配 ➜

木饰面板的造型让墙面设计更有立体感,也更能凸显古典欧式风格的精致。

软装运用 →

美轮美奂的水晶吊灯是整个空间装饰的亮点，打造出一个梦幻浪漫的空间氛围。

白色乳胶漆

有色乳胶漆

白枫木装饰线

材料搭配 ←

壁纸的卷草图案彰显了古典欧式文化的底蕴，也让客厅的墙面装饰更加丰富。

木质花格

米黄色玻化砖

镜面马赛克 印花壁纸

材料搭配 ◀

镜面马赛克与大理石的组合搭配，为古典欧式风格客厅增添了一份通透的美感。

米色大理石 印花壁纸

软装运用 ◀

宽大舒适的布艺沙发是客厅中的装饰主角，打造出一个舒适、典雅的客厅空间。

印花壁纸

色彩搭配 ◀

米色+金色+白色的色彩搭配，显示出法式风格的清新与浪漫氛围。

软装运用 ➜

描银的兽腿家具与精美的灯饰，
呈现出奢华、大气的视觉感受。

云纹壁纸

白枫木装饰线

中花白大理石

陶瓷马赛克

啡金花大理石

印花壁纸

洗白风化板

车边银镜

爵士白大理石

有色乳胶漆

软装运用 ◀

绿色的装饰植物，给人带来一种
亲近自然的感受。

泰柚木饰面板

仿古砖

色彩搭配 ➡

淡红色的吊灯成为整个空间色
彩搭配的最佳点缀，让空间氛围
更加温馨、浪漫。

客厅墙面常见问题的处理方法

　　1. 对于带涂料的旧有墙面基层起皮的处理方法：用钢丝刷刷掉起皮的涂料面层，再刷界面剂，重新进行涂料施工。

　　2. 对于带涂料的旧有墙面基层裂缝的处理方法：开 V 形槽，挂抗碱玻纤网格布，用水泥砂浆抹面，批刮柔性腻子，最后进行涂料施工。

　　3. 对于旧有墙面涂料基层空鼓的处理方法：用云石机切除空鼓的墙面，再用多遍薄水泥砂浆抹面，达到原有墙面的高度后刷界面剂，最后进行涂料施工。

软装运用 ➜

地毯的精美花边与沉稳的色调，让整个空间的搭配设计趋于稳定的同时不乏奢华美感。

米白人造大理石　　　　欧式花边地毯

米色网纹玻化砖

条纹壁纸

皮革硬包

羊毛地毯

印花壁纸

仿古砖

软装运用 ◄

客厅中精致的吊灯，为空间注入
一份古朴、雅致的美感。

软装运用 →

精美的水晶吊灯与布艺窗帘,奢华贵气,为客厅空间提供了一份温馨浪漫的背景氛围。

印花壁纸   艺术地毯

色彩搭配 →

米色+白色+黑色的搭配,让空间的配色既有层次有不失雅致。

米白大理石

印花壁纸

布艺软包

深啡网纹大理石

皮革硬包

云纹大理石　　　　大理石拼花波打线

软装运用 ←

贵妃榻的运用，为客厅空间增添
了一份安逸与舒适的感觉。

皮革硬包　　　　　　　　　　　　　　雕花银镜

材料搭配 →

软包的运用有效地缓解了镜面
给空间带来的冷意，让硬装大理
石空间更加和谐。

印花壁纸

中花白大理石

装饰茶镜

欧式花边地毯

印花壁纸

仿古砖

车边银镜　　　　　　　　　　　羊毛地毯

软装运用 ◀

布艺沙发展现了欧式风格高雅
的品位，银色弯腿茶几与其搭
配，衬托出欧式风格的精致。

装饰茶镜　　　　　　　　　　　米黄大理石

材料搭配 ◀

镜面、石材、壁纸、木地板的硬
装搭配，打造出一个舒适、温馨
的空间氛围。

皮革硬包

艺术地毯